Laser in der Materialbearbeitung
Forschungsberichte des IFSW

Th. Rudlaff
Arbeiten zur Optimierung
des Umwandlungshärtens
mit Laserstrahlen

Laser in der Materialbearbeitung
Forschungsberichte des IFSW

Herausgegeben von
Prof. Dr.-Ing. habil. Helmut Hügel, Universität Stuttgart
Institut für Stahlwerkzeuge (IFSW)

Das Strahlwerkzeug Laser gewinnt zunehmende Bedeutung für die industrielle Fertigung. Einhergehend mit seiner Akzeptanz und Verbreitung wachsen die Anforderungen bezüglich Effizienz und Qualität an die Geräte selbst wie auch an die Bearbeitungsprozesse. Gleichzeitig werden immer neue Anwendungsfelder erschlossen. In diesem Zusammenhang auftretende wissenschaftliche und technische Problemstellungen können nur in partnerschaftlicher Zusammenarbeit zwischen Industrie und Forschungsinstituten bewältigt werden.

Das 1986 gegründete Institut für Strahlwerkzeuge der Universität Stuttgart (IFSW) beschäftigt sich unter verschiedenen Aspekten und in vielfältiger Form mit dem Laser als einer Werkzeugmaschine. Wesentliche Schwerpunkte bilden die Weiterentwicklung von Strahlquellen, optischen Elementen zur Strahlführung und Strahlformung, Komponenten zur Prozeßdurchführung und die Optimierung der Bearbeitungsverfahren. Die Arbeiten umfassen den Bereich von physikalischen Grundlagen über anwendungsorientierte Aufgabenstellungen bis hin zu praxisnaher Auftragsforschung.

Die Buchreihe „Laser in der Materialbearbeitung – Forschungsberichte des IFSW" soll einen in Industrie wie in Forschungsinstituten tätigen Interessentenkreis über abgeschlossene Forschungsarbeiten, Themenschwerpunkte und Dissertationen informieren. Studierenden soll die Möglichkeit der Wissensvertiefung gegeben werden. Die Reihe ist auch offen für Arbeiten, die außerhalb des IFSW, jedoch im Rahmen von gemeinsamen Aktivitäten entstanden sind.

Arbeiten zur Optimierung des Umwandlungshärtens mit Laserstrahlen

Von Dr.-Ing. Thomas Rudlaff
Universität Stuttgart

Springer Fachmedien Wiesbaden GmbH 1993

D 93

Als Dissertation genehmigt von der Fakultät für Konstruktions- und Fertigungstechnik der Universität Stuttgart.

Hauptberichter: Prof. Dr.-Ing. habil. H. Hügel
Mitberichter: Prof. Dr.-Ing. K. Kussmaul

Die Deutsche Bibliothek – CIP-Einheitsaufnahme

Rudlaff, Thomas:
Arbeiten zur Optimierung des Umwandlungshärtens mit
Laserstrahlen / von Thomas Rudlaff.
  (Laser in der Materialbearbeitung)
  Zugl.: Stuttgart, Univ., Diss.
  ISBN 978-3-519-06208-0   ISBN 978-3-663-11960-9 (eBook)
  DOI 10.1007/978-3-663-11960-9

Gesamtherstellung: Präzis-Druck GmbH, Karlsruhe
Einband: E. Kretschmer, Leipzig

Kurzfassung

In der Arbeit werden verschiedene Maßnahmen untersucht, mit denen sich das Verfahren des Umwandlungshärtens mit Laserstrahlen optimieren läßt. Bislang werden vor allem CO_2-Laser mit festen Integratoroptiken zum Laserhärten eingesetzt. Um eine ausreichende Absorption an der Oberfläche zu erzielen, muß diese vorher mit Coatings versehen werden, was zusätzliche Arbeitsschritte zur Folge hat. Bei komplexen Bearbeitungsaufgaben werden oft Spezialoptiken verwendet, die nur für diese Aufgabe konstruiert wurden. Dies wird der ansonsten hohen Flexibilität des Laserstrahles nicht gerecht.

Durch Anwendung einer Absorptionserhöhung durch Schrägeinfall eines linear polarisierten Laserstrahles oder durch Laser mit kürzeren Wellenlängen, als den bislang zum Härten üblichen CO_2-Lasern gelingt es, eine Härtung auf blanken Metalloberflächen ohne Vorbeschichtung durchzuführen. Bei gleichzeitiger Anwendung eines Inertgases läßt sich eine Oxidation der Oberfläche unterdrücken, wodurch Härtungen am endbearbeiteten Werkstück möglich werden.

Durch eine Prozeßregelung kann eine hohe Oberflächentemperatur während des Prozeßes eingehalten werden, ohne daß es dabei zu Oberflächenanschmelzungen kommt. Bei Geometrieänderungen, die eine veränderte Wärmeableitung zur Folge haben, wird die Laserleistung automatisch angepasst. Dadurch kann bei der gewählten Strahlformung maximale Prozeßgeschwindigkeit und Randhärtetiefe erreicht werden.

Durch eine flexible Strahlformungsoptik läßt sich das gesamte Temperaturfeld unterhalb des Brennfleckes an die Erfordernisse des Werkstückes anpassen. So lassen sich auch komplexe Geometrien mit einer Bearbeitungsoptik härten.

Ein Simulationsprogramm zur Berechnung des Temperaturfeldes und der Umwandlungsvorgänge innerhalb des Werkstückes kann zur Vorhersage von Bearbeitungsergebnissen und für die Optimierung der Verfahrensparameter eingesetzt werden. So wird der Versuchsaufwand zur Prozeßeinstellung minimiert.

Inhaltsverzeichnis

Formelzeichen, Abkürzungen

$\alpha(\lambda)$	spektraler Absorptionsgrad	
α_p	Absorptionsgrad des parallel polarisierten Anteils der Laserstrahlung	
α_s	Absorptionsgrad des senkrecht polarisierten Anteils der Laserstrahlung	
δ_t	Zeitschritt zwischen zwei Rechenschritten	s
δz	Höhendifferenz zwischen zwei aufeinander folgenden Ebenen	m
$\delta_{z,i+1}$	Abstand der Netzpunkte in z Richtung zwischen Ebene i und $i+1$	m
$\varepsilon(\lambda)$	spektraler Emissionsgrad	
η_L	Laserwirkungsgrad	
η_Q	Quantenwirkungsgrad eines Lasermediums	%
η_U	Energie pro umgewandeltem Volumen	$J \cdot m^{-3}$
ε^*	komplexe Dielektrizitätskonstante	
ε_0	Influenzkonstante	$8{,}8542 \cdot 10^{-12}\ A \cdot s \cdot V^{-1} \cdot m^{-1}$
ε_1	Realteil der komplexen Dielektrizitätskonstante	
ε_2	Imaginärteil der komplexen Dielektrizitätskonstante	
κ	Temperaturleitfähigkeit	$m^2 \cdot s^{-1}$
λ	Wellenlänge	m
ν	Frequenz der Laserstrahlung	s^{-1}
ν_c	mittlere Stoßfrequenz der Elektronen	s^{-1}
ν_p	Plasmafrequenz der Metallelektronen	s^{-1}
$\varkappa(\lambda)$	spektrale Absorptionszahl	
ρ	Dichte	$kg \cdot m^{-3}$
σ_0	Gleichstromleitfähigkeit	$\Omega^{-1} \cdot m^{-1}$
$\tau(\lambda)$	spektraler Transmissionsgrad	
φ	Einfallswinkel der Strahlung	°
$\varrho(\lambda)$	spektraler Reflexionsgrad	
Φ_λ	spektrale Strahlungsleistung	W
$a(\lambda)$	spektraler Absorptionskoeffizient	m^{-1}
Ac_1	Starttemperatur der Austenitbildung	K
Ac_3	Endtemperatur der Austenitbildung	K
A_Q	Querschnittsfläche einer Härtespur	m^2
A_x	Auslenkung des X-Spiegels	m
b_U	Breite der Umwandlungszone (Ac_3-Linie)	m
c	Lichtgeschwindigkeit	$2{,}997925 \cdot 10^8\ m \cdot s^{-1}$
c_i	spezifische Wärmekapazität von Teil i	$K \cdot s^{-1}$
c_p	Wärmekapazität	$K \cdot s^{-1}$

d	Schichtdicke	m
D	charakteristische Wärmeeinfußzone	m
D_0	Diffusionskoeffizient von Kohlenstoff bei $0°K$	$m^2 \cdot s^{-1}$
D_C	Diffusionskoeffizient für Kohlenstoffatome	$m^2 \cdot s^{-1}$
dV_i	Volumen eines Elementes der Ebene i	m^3
dx	Breite jedes Volumenelementes in X Richtung	m
dy	Breite jedes Volumenelementes in Y Richtung	m
dz_i	Höhe des Volumenelementes der Ebene i in Z Richtung	m
E	elektrische Feldstärke	$V \cdot m^{-1}$
f_x	Schwingfrequenz des X-Scanners	s^{-1}
f_y	Schwingfrequenz des Y-Scanners	s^{-1}
h	Planksche Konstante	$6{,}6262 \cdot 10^{-34} \, J \cdot s$
H	Energie	J
H_C	Aktivierungsenergie des Diffusionsvorganges von Kohlenstoffatomen	J
I_0	maximale Intensität des Lasers innerhalb des Strahles	$W \cdot m^{-2}$
ierfc	Integral der komplementären Fehlerfunktion	
I_{ABS}	absorbierte Intensität	$W \cdot m^{-2}$
I_L	Laserintensität auf der Oberfläche (Leistungsdichte)	$W \cdot m^{-2}$
k	Boltzmannkonstante	$1{,}38062 \cdot 10^{-23} \, J \cdot K^{-1}$
K	Wärmeleitfähigkeit	$W \cdot m^{-1} \cdot K^{-1}$
m	dreidimensionale Positionsnummer eines Netzpunktes	
M_e	Endtemperatur der Martensitbildung	K
m_i	Masse von Teil i	kg
Ms	Starttemperatur der Martensitbildung	K
m_x	X-Koordinate einer Positionsnummer	
m_y	Y-Koordinate einer Positionsnummer	
m_z	Z-Koordinate einer Positionsnummer	
n	n-ter Rechenschritt seit Start der Rechnung	
$n(\lambda)$	spektrale Brechzahl	
$n^*(\lambda)$	komplexe spektrale Brechzahl	
P_L	Laserleistung	W
r	Radius ab Strahlachse	m
Rht	Randhärtetiefe (550 HV Grenze)	m
S_D	Diffusionslänge eines Kohlenstoffatomes	m
t	Zeit	s
t_L	Bestrahlzeit	s
T	Temperatur	K

TEM   Transversaler Elektromagnetischer Mode (Eigenschwingung) eines Lasers

Symbol	Bedeutung	Einheit
TEM	Transversaler Elektromagnetischer Mode (Eigenschwingung) eines Lasers	
U	Spannung	V
v	Vorschubgeschwindigkeit des Laserstrahls	$m \cdot s^{-1}$
w_0	Strahlradius eines Lasers (Intensitätsabfall auf e^{-2})	m
x	Position senkrecht zur Vorschubrichtung	m
y	Position in Vorschubrichtung	m
z	Tiefe	m
z_{REL}	Relative Position in Bezug auf Fokuslage einer Optik	m
z_U	Tiefe der Umwandlungszone (Ac_3-Linie)	m
$\Re$	Beobachtungspunkt einer Intensitätsverteilung	
$\hbar$	$h/2\pi$	$1{,}054589 \cdot 10^{-34}\ J \cdot s$
$\wp(t)$	Auftreffpunkt der Strahlmitte des Laserstrahles bei Schwingspiegeln	

1 Einführung und Aufgabenstellung

1.1 Ausgangssituation

Der erste Laser wurde 1960 entwickelt, und sehr bald wurden Laser zur Materialbearbeitung eingesetzt. Frühe Anwendungen des energiereichen Laserlichtes waren Bohren und Schneiden. Andere Materialbearbeitungsverfahren wie Schweißen, Abtragen und Härten folgten. Bereits seit 1970 wurden in den USA Versuche zum Oberflächenumwandlungshärten mit Laserlicht gemacht und das Verfahren in der Serienproduktion von Motorteilen eingesetzt [1,2,3]. Mehrere Jahre später wurde dann auch von Anwendern in Europa und Japan über Härteversuchen und erste Serienfertigungen mit Lasern berichtet [4,5,6,78,9].

Trotz der frühen Anwendung setzt sich dieses Härteverfahren nur sehr zögernd in der industriellen Fertigung durch. Dies ist vorwiegend auf den hohen Preis des Laserlichtes [DM/kWh] zurückzuführen, gekoppelt mit der Angst vor dem Einstieg in eine neue Technologie und dem Informationsdefizit vieler Entwicklungsabteilungen über das Werkzeug Laserstrahl. Erst in den letzten Jahren ist eine zunehmende Akzeptanz in der industriellen Fertigung in Deutschland festzustellen. Dies ist unter anderem auf die verstärkte Förderung von Projekten in der Lasermaterialbearbeitung durch das BMFT zurückzuführen.

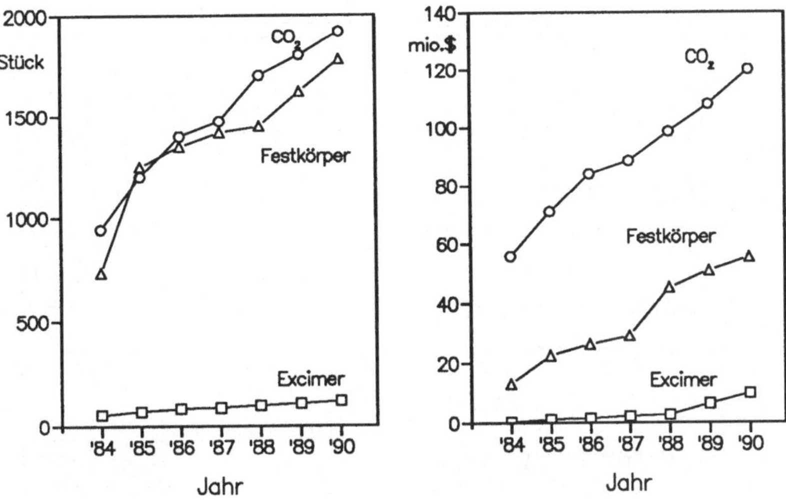

Bild 1 Weltweite Verkäufe von Lasern für die Materialbearbeitung [Quelle: Laser & Optronics].

Aus den Statistiken über den Verkauf von Lasern für die Materialbearbeitung ist ersichtlich, daß dieser Markt stetige Zuwachsraten hat (Bild 1). Nicht umsonst wird die Lasertechnologie als Schlüsseltechnologie bezeichnet, da viele Prozesse nicht mehr ohne Laser denkbar sind, bzw. manche Aufgaben, unter anderem in der Materialbearbeitung, nur mit einer Laserbearbeitung befriedigend lösbar werden.

Der Grund dafür liegt in den Vorteilen [10], die z.B. auch das Härteverfahren mit Lasern gegenüber herkömmlichen Verfahren bietet. Das Laserlicht wird durch optische Elemente wie Spiegel oder durch flexible Glasfasern (bei Festkörper und Excimerlasern) in einfacher Weise zum Ort der Bearbeitung geführt (Bild 2). Dort wird es für den entsprechenden Prozeß durch Bearbeitungsoptiken geformt (z.B. durch Linsen gebündelt) und trifft auf das zu bearbeitende Werkstück. Mit numerisch gesteuerten Werkzeugmaschinen wird die Relativbewegung des "Brennflecks" auf der Werkstückoberfläche erzeugt [11]. Durch die dort absorbierte Leistung entsteht ein Temperaturfeld im Material, das die zur Randschichthärtung notwendige Gefügeumwandlung hervorruft. Die Energieeinbringung des Laserstrahls erfolgt dabei berührungslos, hochpräzise und kraftfrei. Dies hat zur Folge, daß hohe Prozeßgeschwindigkeiten bei hoher Bearbeitungsqualität erreicht werden können. Speziell beim Laserhärten kann dadurch eine minimale Verzugsarmut erreicht werden, da die benötigte Wärmemenge zur Umwandlung sehr genau eingebracht werden kann. Ferner sind durch die "Lenkbarkeit" des Lichtes auch sonst unzugängliche Stellen noch mit Strahlung beaufschlagbar (z.B. enge Bohrungen [12]), so daß auch hier eine Härtung erzielt werden kann.

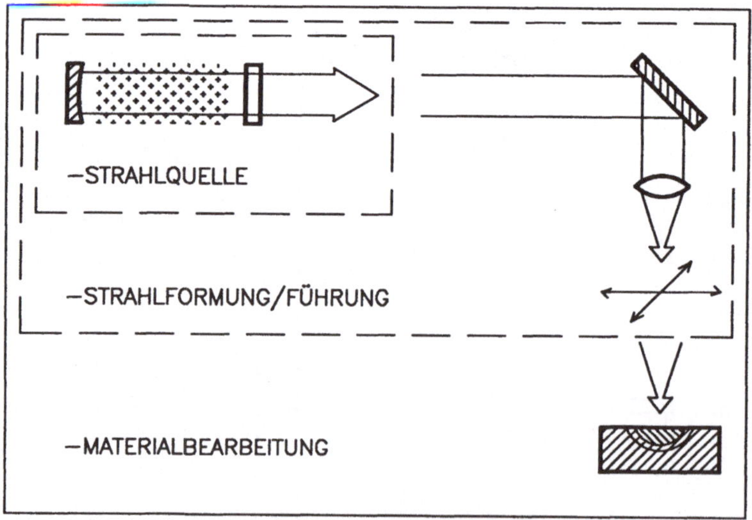

Bild 2 Prinzip und Komponenten einer Laserhärteanlage [11].

Das Laserhärteverfahren gehört damit zu der Gruppe der thermischen Randschichthärteverfahren, bei denen im Gegensatz zu thermochemischen Verfahren die chemische Zusammensetzung der Randschicht nicht verändert wird. Andere Vertreter der thermischen Randschichtbehandlungen sind das Flamm-, Induktions- und Elektronenstrahlhärten. Die wichtigsten Verfahren der thermochemischen Behandlung sind das Einsatzhärten, Nitrieren und Borieren. Alle diese Verfahren sind in der Literatur hinreichend ausführlich erläutert, so daß auf die Prinzipien hier nicht näher eingegangen werden soll. Ein Vergleich der Vor- und Nachteile des Laserverfahrens mit den oben genannten "herkömmlichen" Verfahren ist in Bild 3 und Bild 4 wiedergegeben [13].

Der Nachteil einer Laseranlage ist im wesentlichen der hohe Anschaffungspreis, bzw. der Preis pro kW Laserleistung. Deshalb wird der Laser in produktionstechnischen Anlagen nur dort eingesetzt, wo die erforderliche Bearbeitung anders nicht möglich ist, oder wo sich wirtschaftliche Vorteile, z.B. durch Materialeinsparung, gegenüber den herkömmlichen Verfahren

Vorteile des Lasers gegenüber / Anforderungen	Flammhärten	Induktionshärten	Elektronenstrahlhärten	Einsatzhärten	Nitrieren	Borieren
partielle Härtung, Härtebahnmuster	●	○		●	●	●
geringe Erwärmung Bauteilkern	○			●	○	●
geringer Bauteilverzug	●	○		●	○	●
beliebige Bauteilgrösse			●	○	○	○
Bearbeitung schwer zugänglicher Stellen	●	○	○			
flexibles Verfahren	○	○	○	○	○	○
hohe Härte	●					
grosse Randhärtetiefe					●	●
kurze Prozessdauer				●	●	●
keine Reinigung der Teile erforderlich			●	●	●	●
kein Vakuum erforderlich			●			
geringe Umweltbelastung	○	○		●	●	●

○ bedingt   ● gross

Bild 3 Vorteile des Laserstrahlhärtens gegenüber alternativen Verfahren zur Randschichthärtung [13].

ergeben. Gerade beim Laserhärten ist dieser Punkt sehr wesentlich, da konkurrierende Verfahren, wie z.B. Induktionshärtung, ungleich viel preiswerter als die Lasertechnik sind. Aus diesem Grund sind Untersuchungen zur Effizienzsteigerung des Verfahrens nötig, um Verfahrensvorteile noch besser zum Tragen bringen zu können.

1.2 Zielsetzung

Im Rahmen dieser Arbeit werden Möglichkeiten der Effizienzsteigerung beim Laserhärten aufgezeigt. Ziel der Arbeit ist es, die verschiedenen Vorgänge beim Laserhärten theoretisch und praktisch zu beleuchten, aus dem daraus gewonnenen Verständnis der Vorgänge heraus zu zeigen, wie das Verfahren des Härtens mit Laserstrahlen besser beherrschbar wird, sowie zu demonstrieren, wie das Verfahren durch gezielten Einsatz der für den Prozeß erforderlichen Parameter optimiert werden und damit ein Kostenvorteil des Verfahrens entstehen kann. Dafür gibt es mehrere Ansatzmöglichkeiten, die in dieser Arbeit behandelt werden:

Die Absorption beim Laserhärten ist ein noch weitgehend unkontrollierter Vorgang. Es wird der Prozeß der Absorption näher erläutert, sowie verschiedene Möglichkeiten der Absorptionssteigerung untersucht und diskutiert. Dabei wird auf eine Absorptionssteigerung durch Ausnützen der Eigenschaften eines Laserstrahles wie Polarisation und Wellenlänge eingegangen.

Nachteile des Lasers gegenüber / Verfahrensmerkmal	Flammhärten	Induktionshärten	Elektronenstrahlhärten	Einsatzhärten	Nitrieren	Borieren
Anlagenkosten	●	●		●	●	●
Flächenleistung	●	●	○	●	●	●
Spurüberlapp bei grossen Flächen	●	○	○	●	●	●
Härtung vom Oberflächenzustand abhängig	●	○	○	○	○	○
Abhängigkeit vom Gefügezustand	●	○		●	○	●
Randhärtetiefe auf ca.2mm begrenzt	○	○				
○ bedingt ● gross						

Bild 4 *Nachteile des Laserhärtens gegenüber alternativen Verfahren zur Randschichthärtung [13].*

Durch eine Prozeßkontrolle während der Bearbeitung liefert der Vorgang des Laserhärtens in der Produktion gleichbleibende Resultate. Dies wird durch eine Überwachung der Oberflächentemperatur und gleichzeitige Regelung der Laserleistung ermöglicht [14]. Ein Aufbau zur Realisierung einer solchen Prozeßkontrolle wird vorgestellt und dessen Vor- und Nachteile durch Versuche verifiziert.

Die Strahlformung beim Laserhärten wird bislang sehr häufig mit starren, unflexiblen Bearbeitungsoptiken durchgeführt. Dies steht im Gegensatz zu der ansonsten großen Flexibilität einer Laserbearbeitung. Das Temperaturfeld kann in der Regel nicht an die Gegebenheiten des Werkstückes angepasst werden. Von einer flexiblen Strahlformungsoptik, die das Strahlprofil beim Härten nahezu beliebig verändern kann, werden sich hier Vorteile versprochen. Eine solche Strahlformungsoptik wurde entwickelt und erprobt.

In einer vorangegangenen Arbeit [15] wurden bereits theoretisch die möglichen Vorteile einer effizienten Strahlformung beim Laserhärten aufgezeigt. Dabei wurde von der Überlegung ausgegangen, daß ein Strahlhärteverfahren dann seine größte Effizienz erreicht, wenn die Oberflächentemperatur innerhalb des bestrahlten Bereiches über eine möglichst große Fläche konstant und so hoch wie möglich ist. Als Obergrenze kann hierbei die Schmelztemperatur angesehen werden. Mit der flexiblen Strahlformungsoptik ist es möglich, diese Überlegungen bei der Gestaltung des Strahlprofiles zu berücksichtigen.

Die Entwicklung eines universell einsetzbaren Simulationsmodelles erlaubt es, eine Vorhersage des erwarteten Ergebnisses zu treffen, so daß mittels dieses Modells Teilaspekte des Prozesses z.B. in Bezug auf Strahlformung und Prozeßführung optimiert werden können.

2 Grundlagen der Materialbearbeitung mit Laserstrahlen

2.1 Industriell gebräuchliche Laserstrahlquellen

2.1.1 Allgemeine Beschreibung einer Laserstrahlquelle

Eine Laserstrahlquelle besteht, stark vereinfacht dargestellt, aus den beiden Teilen Resonator und laseraktives Medium (Bild 5). Im laseraktiven Medium wird eine Inversion eines lichtemittierenden Materials erzeugt. Die in der Inversion gespeicherte Energie wird mit Hilfe des Resonators in Strahlung umgewandelt. Vorraussetzung dafür ist ein Material, das von einem Zustand des thermodynamischen Gleichgewichts in einen Inversionszustand, den laseraktiven Zustand, überführt werden kann. Diese Inversion wird in der Regel dadurch erzeugt, daß durch gezielte Zufuhr von Energie in ein bestimmtes Niveau einer Gleichgewichtsbesetzung der inneren Energiezustände des Stoffes dieses Niveau gegenüber darunter liegenden "energieärmeren" Niveaus überbesetzt wird. In diesem Zustand kann Strahlung verstärkt werden, deren Frequenz v genau der Energiedifferenz ΔH zwischen dem überbesetzten und einem darunter liegenden Energieniveau entspricht [16]:

$$\Delta H = h \cdot v \tag{1}$$

Durch den Prozeß der stimulierten (induzierten) Emission wird damit die in der Inversion gespeicherte Energie in Laserstrahlung überführt.

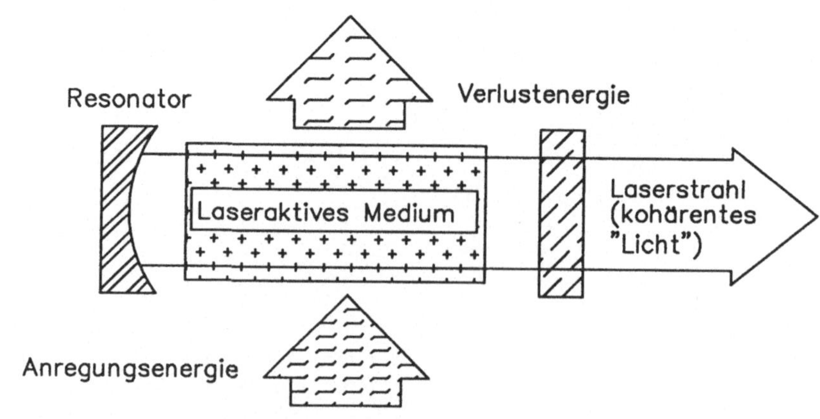

Bild 5 Schema einer Laser-Strahlquelle [11].

Der Resonator hat die Aufgabe, die Strahlung längs der optischen Achse zu reflektieren, um so eine Vorzugsrichtung festzulegen und damit eine stimulierte Emission und Verstärkung des Wellenzuges in genau dieser Raumrichtung zu erwirken. Dieser Prozeß wird durch spontane Emission in Gang gesetzt. Durch den Resonator wird die elektromagnetische Strahlung in einem oder wenigen Eigenschwingungen (Moden) so konzentriert, daß die induzierte Emission gegenüber der spontanen Emission überwiegt. Der Resonator muß deshalb eine Strahlungsrückkopplung aufweisen, die einer Selbsterregungsbedingung und einer Phasenbedingung genügt [17]. Ein Teil der Strahlung tritt als Laserstrahlung aus dem Resonator aus. Diese aus der Laserstrahlquelle emittierte Strahlung ist kohärent und in der Regel monochromatisch. Aus der Kohärenz ergibt sich die gute Fokussierbarkeit der Laserstrahlung.

Ein großer Teil der zugeführten Energie geht bei diesem Prozeß als Verlustenergie wieder verloren. Nur ein Bruchteil der zugeführten Energie wird in Form von Laserstrahlung ausgesandt. Dabei werden verschiedene Wirkungsgrade unterschieden. Der Quantenwirkungsgrad η_Q bezeichnet das maximal mögliche Verhältnis zwischen der Energie eines Lichtquants und der dafür benötigten Pumpenergie; das ist die zum Erreichen des oberen Laserniveaus aus dem Grundzustand benötigte Energie. Der technisch relevante Laserwirkungsgrad η_L ist das Verhältnis zwischen emittierter Laserleistung und für die Anregung benötigter elektrischer Leistung. Hierbei werden alle Verluste innerhalb des Laserkopfes berücksichtigt. Für den Anwender ist vor allem der Gerätewirkungsgrad η_T ("Steckdosenwirkungsgrad") interessant, d.h. das Verhältnis zwischen elektrischer Anschlußleistung des Lasers inklusive Kühlsystem und der abgegebenen Laserleistung.

2.1.2 Gaslaser

Bei Gaslasern besteht das laseraktive Medium aus einem Gasgemisch. Die Anregung des Mediums erfolgt in der Regel durch eine elektrische Glimmentladung. Diese kann durch eine Gleichstromentladung (DC) oder eine Hochfrequenzentladung (HF) hervorgerufen werden [18]. Der größte Teil der pro Volumeneinheit umgesetzten Leistung führt zur Anregung, während der Rest das Lasergas direkt aufheizt. Ein effizienter Betrieb von Gaslasern ist aber nur unterhalb einer gewissen Gastemperatur gewährleistet. Darum muß bei Hochleistungslasern ein schneller Austausch des Gases im Entladungsraum erfolgen und bei einem geschlossenen Betrieb entsprechende Kühleinrichtungen für das Gas vorgesehen werden.

Die Arbeitstemperatur des Gases ist von der Zusammensetzung abhängig. Bei CO_2-Lasern ist dies ein Helium-, Stickstoff- und Kohlendioxid-Gemisch, dessen Gastemperatur unterhalb etwa 400 bis 500K gehalten werden muß [19]. Die Erzeugung der Inversion geschieht sowohl durch direkte Anregung der CO_2-Moleküle als auch durch Anregung der N_2-Moleküle und durch einen Stoßübergang auf die CO_2-Moleküle (Bild 6). Der metastabile obere Schingungs-zustand geht durch Aussendung von Strahlung der Wellenlänge 10 µm in den unteren Zustand über. Dieser Zustand geht strahlungslos in den Grundzustand über. Die Helium-Atome dienen zur schnellen Entleerung des unteren Laserniveaus.

Bei CO-Lasern [20,21] ist das aktive Medium ein Kohlenmonoxid-, Stickstoff- und Helium-Gemisch, dessen Arbeitstemperatur sich im Bereich zwischen 160K bis 290K befindet. Dabei ist der Wirkungsgrad umso besser, je tiefer die Temperatur des Gases ist. Das macht bei diesem Laser einen höheren Kühlungsaufwand erforderlich. Die Anregung erfolgt durch direkte Anregung der CO-Moleküle und ebenfalls einen Vibrationsübergang bei Stößen zwischen den N_2- und CO-Molekülen. Innerhalb des angeregten CO-Moleküles finden dann Kaskadenübergänge von jedem angeregten Zustand bis wieder auf den Grundzustand statt, wobei bei jedem Übergang Strahlung emittiert wird. Dies führt zu einem sehr hohen Quanten-wirkungsgrad, während der Gerätewirkungsgrad durch den erforderlichen Kühlaufwand wieder heruntergesetzt wird. Ferner emittiert der CO-Laser aufgrund dieser Kaskadenübergänge in der Regel nicht nur eine sondern mehrerer Wellenlängen zwischen 4,9µm und 5,6µm, deren Verteilung von der Temperatur abhängt. CO Laser sind derzeit noch nicht industriell verfügbar.

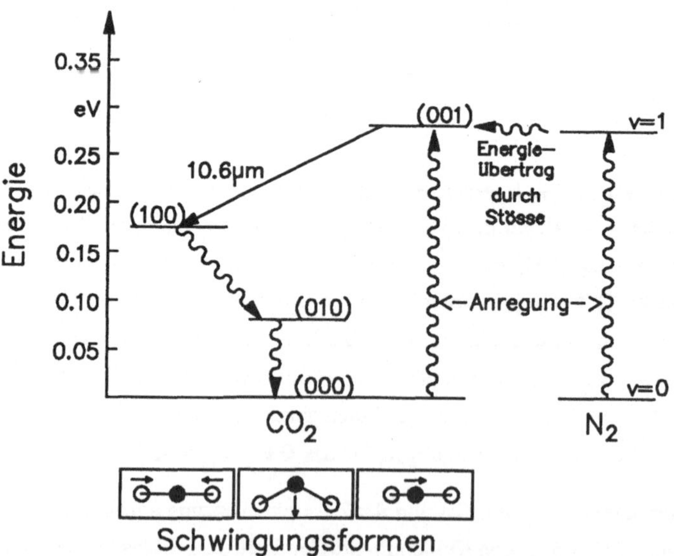

Bild 6 *Vereinfachtes Termschema des CO_2-Lasers mit Darstellung der Schwingungsformen [16].*

Das Gas wird bei industriell verfügbaren CO_2-Hochleistungslasern im geschlossenen Kreislauf über Gasumwälzpumpen durch den Entladungsraum transportiert. Dabei lassen sich alle heute komerziell erhältlichen Hochleistungslaser im Leistungsbereich zwischen 0,5 und 20kW einem der beiden möglichen Konzepte zuordnen [19]:

-     Bei dem *längsgeströmten* Laser wird der Gasstrom längs zur optischen Achse (Resonatorachse) des Laserstrahls durch den Entladungsraum geführt. Die Entladung erfolgt entweder parallel (Gleichstrom) oder senkrecht (Hochfrequenz) dazu. Die Leistungsskalierung erfolgt durch die Anzahl der Rohrsegmente.

-     Der *quergeströmte* Laser ist aus der Zielsetzung entstanden, hohe Leistungsdichten grossvolumig umzusetzen. Der Gasstrom, die optische Achse und die Entladungsrichtung stehen senkrecht aufeinander. Damit wird bereits bei geringen Gasgeschwindigkeiten eine kurze Aufenthaltsdauer des Gases im Entladungsraum erreicht. Für die Leistungsskalierung hat sich eine modulare Bauweise durchgesetzt, wobei die Leistung eines Moduls typischerweise 3 bis 5 kW beträgt.

2.1.3 Festkörperlaser

Das laseraktive Medium besteht bei Festkörperlasern aus Kristallen oder Gläsern, in die Metallionen oder Ionen seltener Erden implantiert sind. Die Lasertätigkeit beruht auf Übergängen in den Ionen. Es gibt zahlreiche Kombinationen von Wirtskristallen und Ionen, dadurch sind Festkörperlaser im Bereich von 0,5 µm bis 3 µm realisierbar.

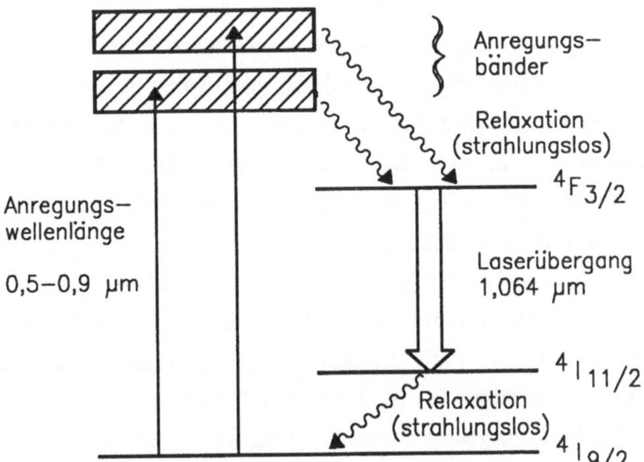

Bild 7 Vereinfachtes Termschema des Nd^{3+}-Ions [22].

Der derzeit industriell beinahe ausschließlich eingesetzte Festkörperlaser ist der Nd:YAG Laser. Der Wirtskristall ist ein Yttrium-Aluminium-Granat, bei dem im Kristallgitter Y^{3+} Ionen durch Neodym-Ionen (Nd^{3+}) ersetzt werden. Die Erzeugung der Inversion geschieht durch Anregung der Nd^{3+}-Ionen und schnelle Relaxation zum metastabilen oberen Laserniveau (Bild 7). Der Übergang vom oberen zum unteren Laserniveau erfolgt durch Aussenden eines Lichtquantes der Laserwellenlänge 1,064 µm. Das untere Laserniveau ist über einen schnellen, strahlungslosen Übergang mit dem Grundniveau gekoppelt und besitzt bei Raumtemperatur nur eine vernachlässigbar kleine Besetzungsdichte [22]. Die Anregung dieser Laser erfolgt durch optisches Pumpen, d.h. Beleuchtung des stabförmigen Kristalles mit Licht im Spektralbereich 0,5 µm bis 0,9 µm. Dies geschieht mit Xenon-Hochleistungsblitzlampen, Krypton- oder Quecksilberbogenlampen in einer Kavität. Diese besteht meist aus einer einfach- oder mehrfachelliptisch geformten, innen verspiegelten Röhre, in der sich der Stab in einem und die Lampen in den anderen Ellipsenbrennpunkten befinden, so daß im Idealfall alles Licht der Lampen in den Laserkristall reflektiert wird. Der Betrieb des Laser kann, in Abhängigkeit der verwendeten Lampen, gepulst oder cw (*continuous wave* = Dauerstrichbetrieb) erfolgen. Die Lampen und der Laserkristall werden wassergekühlt, um ihren Wirkungsgrad und die Lebensdauer aufrechtzuerhalten. Bei mit Blitzlampen gepumpten Lasern ist die Lebensdauer der Lampen ein die Standzeit und die laufenden Kosten bestimmender Faktor. Ein großer Vorteil der Wellenlänge der Festkörperlasers ist die Möglichkeit, die Strahlung durch Glasfaserkabel zum Werkstück zu leiten.

2.1.4 Resonatoren und Strahleigenschaften

Der Resonator wirkt als Strahlungsrückkopplung und bewirkt, daß das Licht in einem oder wenigen Resonatoreigenschwingungen (Moden) konzentriert wird. Bei Hochleistungslasern sind dies Spiegel-Resonatoren, die prinzipiell aus zwei Spiegeln auf einer optischen Achse bestehen. Es werden bei Hochleistungslasern zwei Arten von Resonatoren unterschieden, *stabile* und *instabile* Resonatoren. Bei einem *stabilen Resonator* sind die Spiegel so angeordnet, daß ein paraxialer, achsennaher Lichtstrahl im Idealfall den Resonator auch nach beliebig vielen Reflexionen an den Spiegeln nicht verläßt. Bei einem optisch *instabilen Resonator* tritt ein Lichtstrahl nach einer oder mehreren Reflexionen an den Spiegeln aus dem Resonator aus. Nur der Achsenstrahl bleibt bei Vernachlässigung von Beugung im Resonator. Da optisch stabile Resonatoren relativ geringere Beugungsverluste haben, werden meist diese verwendet. Sie haben allerdings den Nachteil, daß der Laserstrahl durch einen der beiden Resonatorspiegel hindurch ausgekoppelt werden muß, was bei hohen Leistungen aufgrund der Absorption dieses Spiegels zu einer Erwärmung und Veränderung der Eigenschaften des Laserstrahls führt. Aus diesem Grund werden bei Lasern sehr hoher Leistung (> 5 kW) häufig instabile Resonatoren eingesetzt, bei denen am Spiegel vorbei ausgekoppelt wird, wodurch beide Resonatorspiegel aus gekühlten Metallspiegeln hergestellt werden können.

Die Moden eines Resonators lassen sich in longitudinale und transversale unterscheiden. Die longitudinalen Moden dienen zur Feinselektion der anschwingenden Wellenlänge, während die transversalen Moden die Feldverteilung des ausgekoppelten Laserstrahls angeben. Bei einem stabilen Resonator wird zwischen Feldverteilungen von zylindrischer (Laguerre-Gauß) und von rechteckiger (Hermite-Gauß) Symetrie unterschieden [23]. Die Feldverteilung wird mit der Abkürzung $TEM_{p,l}$ oder $TEM_{m,n}$ bezeichnet, dabei geben die Zahlen p und l bzw. m und n die azimutale und radiale Modenzahl an. Der Grundmode TEM_{00} ist bei beiden Verteilungsarten gleich und besitzt folgende Intensitätsverteilung:

$$I(r) = I_0 \cdot e^{-2 \cdot \frac{r^2}{w_0^2}} \tag{2}$$

Dieser Mode ist radialsymetrisch und die Intensität hängt damit nur vom Abstand r zur Strahlachse ab. Der Faktor w_0 gibt den Radius des Strahles an. Er wird beim TEM_{00} Mode

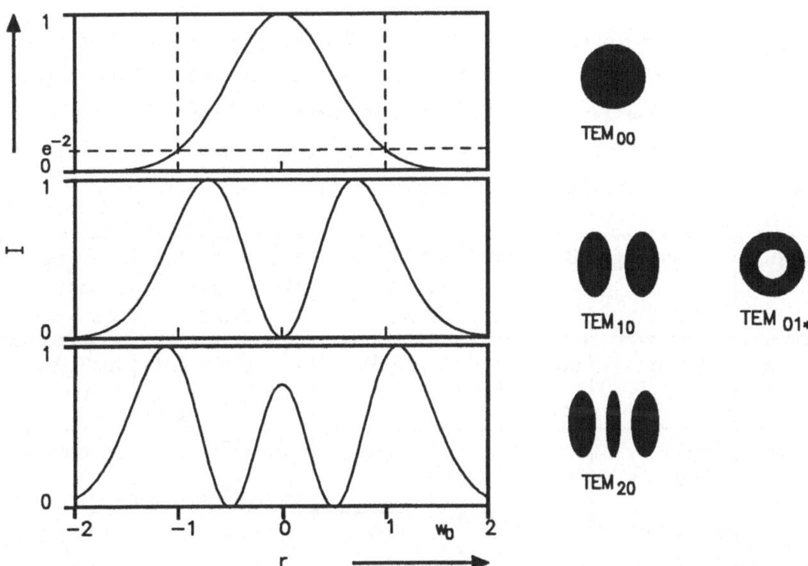

Bild 8 Transversale Strahlstruktur für Rechtecksymmetrie bei niedriger Modenordnung $TEM_{m,n}$ und Beispiel für Hybridmode TEM_{01*} [23].

durch Abfall der Intensität auf den Faktor e^{-2} festgelegt. Intensitätsverteilungen weiterer Moden sind in Bild 8 dargestellt. Ein Sonderfall sind die radialsymetrischen Hybridmoden, die sich aus der Überlagerung von Rechteckmoden ergeben. Ein Beispiel hierfür ist der häufig auftretende TEM_{01*}-Mode, der durch eine Überlagerung des TEM_{01}- und TEM_{10}-Modes entsteht.

Welche Moden in einem Resonator anschwingen können, wird durch die Fresnel-Zahl beschrieben. Diese Zahl ist immer größer oder gleich 1, wobei eine Fresnel-Zahl von 1 einen Resonator beschreibt, in dem Strahlung nur im Grundmode anschwingt. Je höher die Fresnel-Zahl, desto höhere Modenordnungen können im Resonator anschwingen. Dies hat Auswirkungen auf die Fokussierbarkeit des emittierten Laserstrahles, die direkt von der Feldverteilung der Strahlung abhängt. Die beste Fokussierbarkeit hat der Grundmode.

Bei der Betrachtung der elektrischen Feldstärke von elektromagnetischen Wellen muß grundsätzlich zwischen linear und zirkular polarisiertem Licht unterschieden werden. Bei linear polarisiertem Licht schwingt der Vektor der elektrischen Feldstärke immer in einer Ebene. Damit wird zwischen ihm und der Ausbreitungsrichtung z eine Ebene aufgespannt. Bei zirkular polarisiertem Licht rotiert der E-Vektor um die Richtungsachse des Strahles.

2.1.5 Technische Daten einiger für Materialbearbeitung benutzter Laser

In Tabelle 1 sind die technischen Daten einiger für das Oberflächenhärten verwendbarer Lasertypen aufgelistet. Anhand der maximal realisierten Leistung und des Entwicklungsstadiums läßt sich erkennen, warum bislang vorwiegend CO_2-Laser zum Oberflächenhärten eingesetzt wurden: Sie besitzen den höchsten Entwicklungsstand und derzeit die größte Zuverlässigkeit im Kilowattbereich.

Lasertyp	Wellenlänge	Betriebsart	realisierter Leistungsbereich	maximal realisierter Wirkungsgrad	Entwicklungsstadium Kilowattbereich
CO_2 Laser	10,6µm	cw gepulst	25kW	η_Q: 40,9% [21] η_L: 20% [18]	verfügbar seit ca. 1970
CO Laser	4,9µm- 5,6µm	cw	7kW	η_Q: >90% [21] η_L: 21,7%	experimentell
Nd:Yag Laser	1,064µm	cw gepulst	2kW	η_Q: ca.45% η_L: 6%	verfügbar seit ca. 1989

Tabelle 1   Daten geeigneter Laser für die Materialbearbeitung.

2.2 Transport der Laserstrahlung

Um den Laserstrahl von der Strahlquelle zum Ort der Bearbeitung zu bringen sind *Strahlfüh-rungseinrichtungen* notwendig, die je nach zu überwindender Wegstrecke, Laserart oder Bearbeitungsaufgabe mehr oder weniger kompliziert sind. Diese Strahlführung kann den Strahl entscheidend beeinflußen, so daß davon auch sehr stark das erzielte Bearbeitungsergebnis abhängt. Die wesentlichen Eigenschaften und Anwendungsbereiche der gebräuchlichsten Strahlführungen werden im folgenden aufgezeigt.

2.2.1 Transport und Fokussierung durch reflektierende Optiken

Bei Hochleistungslasern wird der Strahl meist mit Spiegeln zur Bearbeitungsoptik geführt bzw. in der Bearbeitungsoptik durch Hohlspiegel fokussiert. Dies sind Spiegeloptiken, die bei CO_2-Hochleistungslasern aus Metallen bestehen, während sie bei Nd:Yag-Lasern meist aus Glassubstraten mit dielektrischen Schichten gefertigt werden. Um den Strahl über größere Strecken führen zu können, wird der Einsatz von Teleskopoptiken notwendig, damit der Strahlradius über eine längere Strecke annähernd konstant bleiben kann [24]. Mit solchen Optiken wird die Strahlqualität im Idealfall nicht verändert, in der Realität tritt allerdings als erste Veränderung eine Leistungsabnahme durch die Absorption an der Spiegeloberfläche auf (Tabelle 2). Bei falsch bearbeiteten Spiegeln oder falsch ausgelegten Teleskopen können durch Beugung oder Abbildungen die Eigenschaften des Laserstrahls (Divergenz, Mode) verändert werden. Dies passiert auch bei ungenügender oder ungleichmäßiger Kühlung der Optiken, wenn sich durch eine Erwärmung die Spiegelform verändert. Ferner kann es beim Einbau der Optiken durch eine schlechte Halterung ebenfalls zu Deformationen der Spiegeloberfläche kommen. Dem kann durch niedrigabsorbierende Oberflächenschichten und eine angepaßte Kühlung, sowie eine entsprechend modifizierte Spiegelhalterung entgegengewirkt werden [25,26,27].

2.2.2 Transport und Fokussierung durch transmittierende Optiken

Transmittierende Optiken werden in der Laserquelle in Form von Auskoppelfenstern, in Teleskopen und Bearbeitungsoptiken eingesetzt. Im Falle von CO_2- oder CO-Lasern können dabei nur wenige, für deren Wellenlänge durchsichtige Materialien verwendet werden, wie z.B. Zinkselenid (ZnSe), Kalziumchlorid (KCl) oder Galliumarsenid (GaAs). Bei Festkörperlasern kommen normale Quarzgläser zum Einsatz. Der entscheidende Nachteil von transmittiven Optiken ist, daß die Kühlung durch Wasser nur am äußeren Rand der Optik erfolgen kann, so

Material	Einsatzgebiet	Transportart	Absorption
Reinstkupfer	Spiegeloptiken	reflektierend	1,0% (45° Einfallswinkel)
OFHC Kupfer	Spiegeloptiken	reflektierend	1,0% (45° Einfallswinkel)
OFHC Kupfer mit Goldschicht und dielektrischer Schicht (Superenhanced)	Spiegeloptiken	reflektierend	0,20% (45° Einfallswinkel)
Kalziumchlorid (KCl), unbeschichtet	Linsen, Fenster	transmittierend	0,063% (2° Einfallswinkel)
Zinkselenid (ZnSe), unbeschichtet	Linsen, Fenster	transmittierend	0,06% (2° Einfallswinkel)
Zinkselenid, AR/AR beschichtet	Linsen, Fenster	transmittierend	0,17% (2° Einfallswinkel)

Tabelle 2   Absorptionswerte von gebräuchlichen Optik-Komponenten bei 10,6 μm Laserstrahlung [25,26].

daß sich innerhalb der Optiken bei Bestrahlung mit Hochleistungslasern aufgrund der Absorption des Materials immer ein Temperaturgradient ausbildet, der zur Beeinträchtigung der optischen Eigenschaften führt. Dies läßt sich nur durch möglichst geringe Absorption in der Optik ausgleichen. Bei einer Verschmutzung führt aber die Absorptionssteigerung zu einer deutlichen Veränderung des Laserstrahls, was nur durch Schutz vor Verunreinigung, häufige Reinigung oder Austausch der Komponenten behoben werden kann. Einige Absorptionseigenschaften von transmittierenden Komponenten sind in Tabelle 2 aufgelistet.

2.2.3 Glasfasern

Bei Festkörperlasern kann der Transport der Strahlung durch Glasfasern erfolgen. Hierbei wird der Laserstrahl auf den Fasereingang und am Strahlaustritt das Faserende durch die Bearbeitungsoptik auf das Werkstück abgebildet. Die Eigenschaften des Laserstrahls (Divergenz, Mode, Polarisation) werden ganz entscheidend verändert.

Lichtleitfasern bestehen aus einem Faserkern und einem Fasermantel (Cladding). Zum Schutz gegen mechanische Beschädigung werden diese Fasern im industriellen Einsatz zusätzlich mit einer Ummantelung umgeben. Für den Hochleistungsbereich ($\geq$ 1 kW) werden derzeit Fasern mit Kerndurchmessern von 0,4 mm bis 1,0 mm angeboten. Dabei wird zwischen zwei Fasertypen unterschieden: Stufenindexfasern und Gradientenindexfasern (Bild 9).

Bei einer Stufenindexfaser ist der Brechungsindex über den Kerndurchmesser konstant und fällt zum Mantel hin sprunghaft ab. Dadurch wird die Strahlung durch Totalreflexion an der Grenzschicht zwischen Kern und Mantel geführt. Bei einer Gradienten-Index-Faser nimmt der Brechungsindex von dem Außendurchmesser bis zum Fasermittelpunkt radialsymmetrisch kontinuierlich ab. Dadurch wird die Strahlung mehr in der Fasermitte konzentriert.

Das Intensitätsprofil wird durch die Strahlübertragung mittels Lichtleitfaser entscheidend verändert. Ein willkürliches Intensitätsprofil wird nach Durchlauf durch eine Stufenindexfaser zu einem relativ breiten, flachen Profil, während es nach Durchlauf durch eine Gradientenindexfaser am Faseraustritt eine annähernd gaußförmige Verteilung annimmt [28]. Eine eventuell vorhandene gerichtete Polarisation der Laserstrahlung wird durch die Faser in der Regel vollständig aufgehoben.

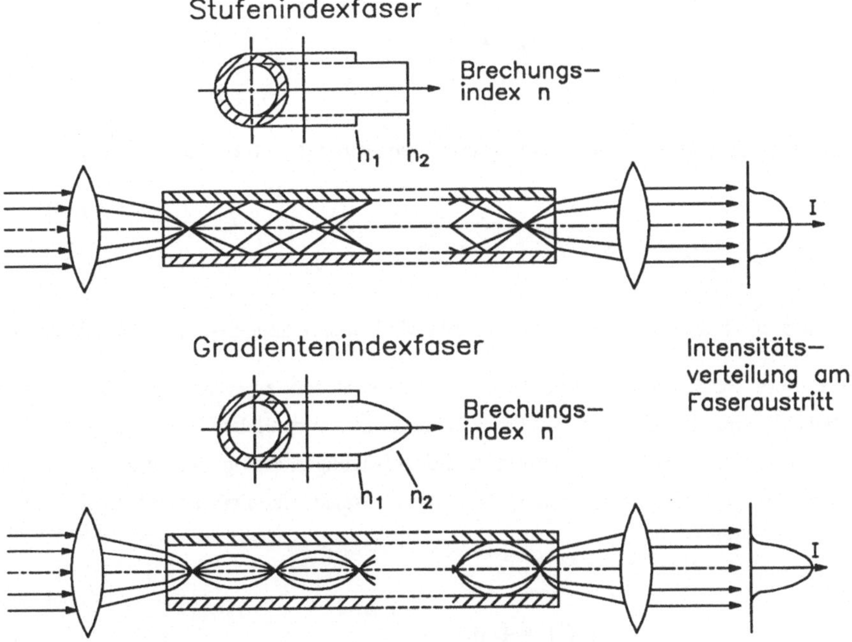

Bild 9 Lichtleitfasern zur Lasermaterialbearbeitung [28].

Die größten Verluste bei diesen Fasern entstehen an den Stirnflächen bei der Ein- und Auskopplung der Leistung. Je Faserende sind dies etwa 5%. Innerhalb einer 10 m langen Lichtleitfaser beträgt der Verlust derzeit ca. 2%. Damit ergibt sich ein Gesamtverlust von ca. 12% bei
Lichttransport durch Fasern [29].

Ferner ist bei der Verwendung von Glasfasern darauf zu achten, daß der vom Hersteller
angegebene Biegeradius nicht unterschritten wird, da es sonst zu Faserbruch oder zum Austre-
ten von Laserstrahlung aus dem Faserkern und einer damit verbundenen Zerstörung der Faser
kommen kann.

2.3 Absorption der Laserstrahlung am Werkstück

2.3.1 Klassische Beschreibung der Absorption

Die einfachste Form von Licht ist die monochromatische, linear polarisierte, ebene Welle. Dies
ist gleichzeitig eine gute Näherung für den realen Laserstrahl. Das elektrische Feld E einer
solchen Welle, deren Propagationsrichtung die z-Richtung sei, kann in einem homogenen und
nichtabsorbierenden Medium mit der Gleichung (3) beschrieben werden:

$$E = E_0 \cdot e^{2\pi i (\frac{z}{\lambda} - v t)} \tag{3}$$

Für die Verknüpfung der Wellenlänge λ und Frequenz v der Strahlung gilt dabei:

$$\lambda = \frac{c}{v \cdot n^*} \tag{4}$$

Dabei ist n^* der komplexe Brechungsindex des Mediums, in dem sich die Strahlung ausbreitet.

Sobald diese Strahlung auf eine Grenzschicht zwischen zwei Medien trifft (z.B. eine
Oberfläche), wird ein Teil der Strahlung reflektiert und der restliche Teil dringt in das Material
ein. Danach nimmt die Strahlleistung in Fortpflanzungsrichtung der Strahlung ab. Diese
Abnahme der spektralen Strahlleistung Φ_λ nach der Wegstrecke l wird durch das Lambertsche
Gesetz [30] beschrieben:

$$\phi_\lambda(l) = \phi_\lambda(0) \cdot e^{-a(\lambda) \cdot l} \tag{5}$$

Die Eindringtiefe der Strahlung der Wellenlänge λ in das Material wird durch den spektralen Absorptionskoeffizienten $a(\lambda)$ gekennzeichnet. Wenn die elektromagnetische Welle die Länge $a(\lambda)^{-1}$ passiert hat, hat die Strahlungsleistung um den Faktor e^{-1} abgenommen. Nach Durchlauf durch ein Material der Dicke L tritt eine durch die Absorption reduzierte, geringere Strahlungsmenge auf der Rückseite wieder aus. Damit wird der spektrale Absorptionsgrad $\alpha(\lambda)$ und der Transmissionsgrad $\tau(\lambda)$ definiert:

$$\tau(\lambda) \; = \; \frac{\phi_\lambda(L)}{\phi_\lambda(0)}$$

$$\alpha(\lambda) \; = \; \frac{\phi_\lambda(0) - \phi_\lambda(L)}{\phi_\lambda(0)} \tag{6}$$

Nach dem Energieerhaltungsgesetz muß für den spektralen Reflexionsgrad $\varrho(\lambda)$ gelten:

$$\varrho(\lambda) \; + \; \tau(\lambda) \; + \; \alpha(\lambda) \; = \; 1 \tag{7}$$

Bei Metallen liegt der Absorptionskoeffizient von infraroter Strahlung in Bereichen von 10^4-10^5 mm^{-1}. Damit beträgt die Eindringtiefe in das Material wenige 10^{-1} bis 10^{-2}µm. Der Transmissionsgrad ist also vernachlässigbar klein. Die absorbierte Strahlung wird in der Oberflächenschicht in Wärme umgewandelt.

Die Wechselwirkung von Metallen mit elektromagnetischer Strahlung kann mit Hilfe der Maxwellschen Gleichungen beschrieben werden [31]. Die Drude-Theorie, die sich auf diese Gleichungen stützt, führt zu folgender Gleichung für den Reflexionsgrad von Metallen bei senkrechtem Einfall der Strahlung:

$$\varrho(\lambda) \; = \; \left[\frac{\sqrt{\varepsilon^*(\lambda)} - 1}{\sqrt{\varepsilon^*(\lambda)} + 1} \right]^2 \tag{8}$$

Die elektrische Dielektrizitätskonstante ε^* des Materials ist dabei eine komplexe Größe, die nach dem Drude-Modell von der eingestrahlten Laserfrequenz ν abhängt und bei einer festgelegten Frequenz durch folgende Gleichung beschrieben werden kann:

$$\varepsilon^*(v) = \varepsilon_1(v) + i \cdot \varepsilon_2(v) = 1 - \frac{v_p^2}{v^2 + v_c^2} - i \cdot \frac{v_p^2 \cdot v_c}{(v^2 + v_c^2) \cdot v} \tag{9}$$

$$\equiv n^*(\lambda)^2 = (n(\lambda) + i \cdot \varkappa(\lambda))^2$$

Die Elektronenplasmafrequenz v_p und die mittlere Stoßfrequenz der Metallelektronen v_c mit dem Atomgitter sind temperaturabhängig. Die geringe Temperaturabhängigkeit von v_p führt man auf eine Volumenvergrößerung des Materials bei höheren Temperaturen zurück. Sie ist vernachlässigbar klein, wenn keine zusätzliche Bandstruktur durch die Temperaturerhöhung für die Wellenlänge des Lichtes zugänglich wird. Damit bleibt als wesentlicher temperaturabhängiger Faktor für das Absorptionsverhalten die Stoßfrequenz der Elektronen im Metallgitter.

Bei Wellenlängen ≥ 10 µm ist die Lichtfrequenz klein gegenüber der mittleren Stoßfrequenz. Darum lassen sich die optischen Konstanten über die Hagen-Rubens Näherung bestimmen. Sie können dann als Funktion der temperaturabhängigen Gleichstromleitfähigkeit σ_0 mit Gleichung (10) bestimmt werden [32]:

$$\varepsilon_1(v) \approx 1 - \frac{\sigma_0}{2\pi\varepsilon_0 v_c} \tag{10}$$

$$\varepsilon_2(v) \approx \frac{\sigma_0}{2\pi\varepsilon_0 v}$$

Für den Reflexionsgrad in Abhängigkeit der Frequenz bei senkrechtem Einfall führt das zu folgender Beziehung:

$$\varrho(v) = 1 - 4\sqrt{\varepsilon_0 \pi \frac{v}{\sigma_0}} \tag{11}$$

2.3.2 Abhängigkeit der Absorption von der Wellenlänge und vom Einfallswinkel

Die Absorption von Eisen und Kupfer bei Raumtemperatur und senkrechtem Einfall ist in Bild 10 in Abhängigkeit der Wellenlänge sichtbar [33]. Im infraroten Bereich sind die Absorptionswerte von Eisen (als Vertreter der Übergangsmetalle) sehr gering, weshalb mit

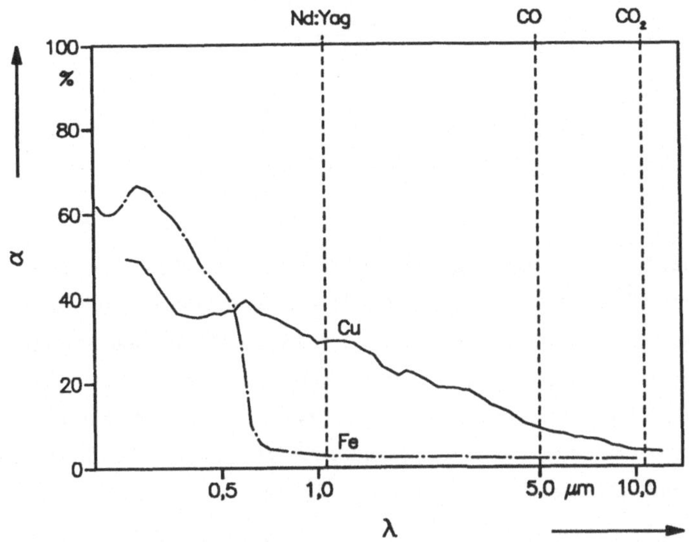

Bild 10   *Abhängigkeit der Absorption an Eisen und Kupfer von der Wellenlänge (Raumtemperatur, senkrechter Einfall, polierte Oberfläche) [33].*

CO- und CO_2-Lasern bei senkrechtem Einfall auf blanker Metalloberfläche keine Härtung durchgeführt werden kann. Im Gegensatz dazu sind im Bereich des Festkörperlasers bereits Absorptionswerte von über 30% vorhanden. Damit kann bei senkrechtem Einfall genügend Laserleistung eingekoppelt werden, um den Laserhärteprozeß durchzuführen. Kupfer, wie auch alle anderen Metalle mit aufgefüllten inneren Elektronenschalen, hat im gesamten infraroten Bereich eine sehr geringe Absorption, deshalb wird dieses Material für alle drei betrachteten Laserwellenlängen als Spiegelgrundmaterial verwendet.

Wenn ein Strahl auf die Oberfläche eines Materials trifft, wird durch den Strahl und die Flächennormale auf die Oberfläche eine Ebene aufgespannt. Der E-Vektor läßt sich dann in den Anteil E_p und E_s aufteilen. E_p ist dabei der Anteil des E-Vektors, der parallel zu der aufgespannten Ebene liegt, während E_s der dazu senkrechte Anteil ist. Der von der Oberfläche reflektierte Anteil bzw. der in das Material eingedrungene und dann absorbierte (bei Metallen) oder transmittierte Anteil der Intensität läßt sich dabei mit Hilfe der Fresnel'schen Gleichungen in Abhängigkeit des Einfallswinkels φ und der Polarisationsrichtung beschreiben [30]:

$$\alpha_s = \left(\frac{2 \cdot \cos\varphi \cdot \sqrt{n^{*2}-\sin^2\varphi} \ - \ 2 \cdot \cos^2\varphi}{n^{*2}-1} \right)^2$$

$$\alpha_p = \left(\frac{2 \cdot n^* \cdot \cos\varphi}{n^{*2} \cdot \cos\varphi \ + \ \sqrt{n^{*2}-\sin^2\varphi}} \right)^2$$

(12)

In der Literatur finden sich verschiedene Angaben für die optischen Konstanten von Eisen, aus denen dann mit Hilfe von Gleichung (12) die Absorption in Abhängigkeit des Einfallswinkels bei linear polarisiertem Laserlicht berechnet werden kann. Die meisten Arbeiten liegen bereits mehrere Jahre zurück und die Werte sind in der Regel nur bei Raumtemperatur an idealen Oberflächen ermittelt worden [33,34,35,36]. Über die optischen Konstanten von Eisen bei hohen Temperaturen existieren nur wenige Arbeiten. In Tabelle 3 sind die am häufigsten verwendeten optischen Konstanten von Eisen aufgelistet.

Mit den Angaben von Quelle 36 und den Fresnel'schen Gleichungen wurde die Grafik in Bild 11 erzeugt. Daraus kann ersehen werden, daß aufgrund des beschriebenen physikalischen Zusammenhanges bei linear polarisiertem Laserlicht eine Absorptionssteigerung bei allen drei betrachteten Wellenlängen durch Schrägstellung des Werkstückes möglich ist. Die maximale Absorption wird bei dem "Brewster-Winkel" erreicht. Bei CO und CO_2-Lasern tritt der Effekt

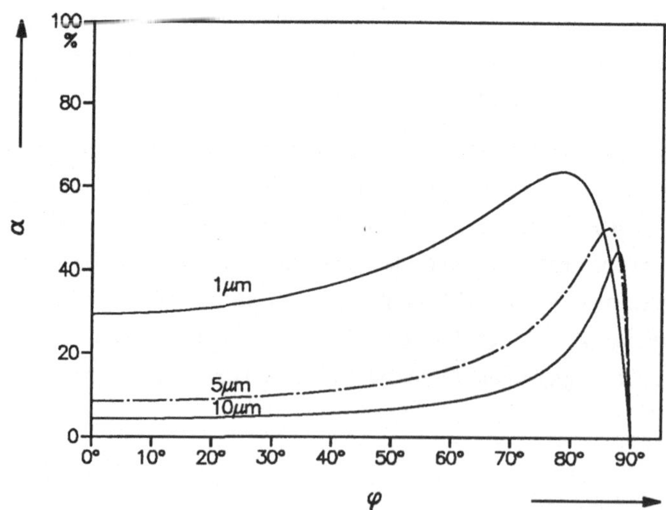

Bild 11   *Absorptionsverhalten von linear polarisiertem Laserlicht verschiedener Wellenlänge auf Eisen bei Raumtemperatur [36].*

Wellenlänge [μm]	$n(\lambda)$	$\varkappa(\lambda)$	$\varrho(\lambda)$	T [K]	Quelle
10,6	7,4	26,8	0,963	293	[34]
5	4,17	13,0	0,915		
1,06	2,32	4,51	0,704		
1,06	3,19	4,26	0,643	293	[35]
	3,50	5,1	0,695	1673	
10	6,26	26,8	0,967	300	[36]
5	4,98	13,7	0,911		
1	3,16	4,07	0,627		

Tabelle 3   *Literaturangaben von optischen Konstanten von Eisen bei CO_2, CO und Nd:YAG Lasern.*

ab Winkeln von etwa 70° deutlich auf und die mögliche Steigerung ist größer als bei Nd:Yag-Lasern, während es bei diesen Lasern bereits bei geringeren Winkeln zu einer Steigerung kommt.

2.3.3 Maßnahmen zur Absorptionserhöhung beim Härten mit CO_2-Lasern

Da bei CO_2-Lasern die Absorption unter senkrechter Bestrahlung auf blankem Material sehr gering ist, werden derzeit bei Anwendungen des Laserhärtens meist absorbierende Schichten eingesetzt. Diese Schichten werden vor der Laserbearbeitung, teilweise manuell, auf das Material aufgebracht und müssen in der Regel anschließend wieder davon entfernt werden. Bei der Aufbringung solcher Schichten ist die Reproduzierbarkeit nicht immer gewährleistet, was den grössten Nachteil, zusätzlich zu der Mehrarbeit der Schichterzeugung und -entfernung, darstellt. Einen Überblick über die Absorption gebräuchlicher Schichten gibt Tabelle 4.

Quelle	Zustand, Beschich-tung	Material	Erzeugung	Meßmethode, Temperatur	Absorption
37	unbeschichtet	Cf53, Ck35, 100Cr6	poliert	Reflexionsmessung, diffus und gerichtet Raumtemperatur	5%-9%
	Graphit		manuell		90%
	unbeschichtet		gefräst		30%-40%
	Oxid	Cf53	thermisch		90%
	Lackfarbe		manuell		>95%
	unbeschichtet		Sandpapier		8%-10%
	unbeschichtet		sandstr.19µm		65%
	unbeschichtet		sandstr.50µm		75%
38	unbeschichtet	Ck85	sandgestrahlt	Reflexionsmessungen, diffus und gerichtet Raumtemperatur	55%
	unbeschichtet		gefräst		12%-50%
	unbeschichtet		poliert		10%
	Graphit		manuell		85%
	phosphatiert				75%
39	unbeschichtet	Ck45	geschliffen	kalorimetrische Messung der absorbierten Leistung Raumtemperatur	8,5%
	unbeschichtet		gefräst		18%
	unbeschichtet		sandgestrahlt		35%
	Manganphosphat				65%-85%
	Zinkphosphat				55%
	Graphit		manuell		77%
40	unbeschichtet	AISI1045 (C45)	poliert	kalorimetrische Messung 1000W Leistung (bis 500°C im Werkstück)	11%
	unbeschichtet		sandgestrahlt		46%
	phosphatiert				89%
	Graphit				81%
	phosphatiert	Gußeisen			59%
	Graphit				64%
	unbeschichtet		sandgestrahlt		33%
	Titanoxid				71%

Tabelle 4   *Literaturangaben der Absorption verschiedener Oberflächenzustände von Eisenwerkstoffen bei Raumtemperatur und CO_2-Laserstrahlung.*

3 Grundlagen und Stand der Technik des Laserstrahlhärtens

3.1 Strahlformung zum Laserstrahlhärten

Beim Laserstrahlhärten wird, im Gegensatz zu anderen Laserbearbeitungsverfahren, meistens ein breiter Strahl auf der Oberfläche gewünscht, um damit auf in einem Mal möglichst breite Spuren erzeugen zu können. Dadurch kommt der Geschwindigkeitsvorteil des Verfahrens gegenüber herkömmlichen Härtemethoden am stärksten zum Tragen. Wenn die Breite des geformten Strahles nicht ausreicht, um den zu härtenden Bereich in einer Spur zu überstreichen, müssen mehrere Härtespuren nebeneinander erzeugt werden, wodurch es in den Überlappzonen zu oftmals unerwünschten Anlaßeffekten kommen kann und die Bearbeitungszeit deutlich erhöht wird. Die verschiedenen Konzepte, um den Laserstrahl aufzuweiten, werden im folgenden näher erläutert.

3.1.1 Defokussierte Laserstrahlen

Die einfachste Art der Strahlformung besteht in der Verwendung einer fokussierenden Abbildungsoptik (Linse oder Spiegel), wie sie auch zum Laserschneiden oder Schweißen gebräuchlich ist (Bild 12). Um mit einer solchen Optik einen "breiten" Laserstrahl zu erzielen ist es notwendig, das Werkstück außerhalb des Fokus der Optik zu positionieren. Die Intensitätsverteilung an der Werkstückoberfläche ist eine Abbildung der Intensitätsverteilung, die den Laser verläßt. Im Falle einer radialsymetrischen Verteilung ergeben sich dann Härtespuren mit einem linsenförmigen Querschnitt (Bild 13).

3.1.2 Integratoroptiken

Integratoroptiken werden benutzt, um ein möglichst gleichmäßiges, rechteckförmiges Intensitätsprofil zu erhalten. Zur Realisierung solcher Optiken gibt es mehrere gebräuchliche Konzepte. Das bekannteste ist die Anwendung von Facettenspiegeln, bei denen der Integratorspiegel aus rechteckigen Facetten besteht, die auf einer Kugel- oder Paraboloidoberfläche aufgebracht sind [41,42,43]. Dadurch entsteht im Brennpunkt der Optik durch Überlagerung der Abbildungen der einzelnen auf die verschiedenen Facetten fallenden Teilstrahlen eine gleichförmige, rechteckige Intensitätsverteilung in der Größe einer einzelnen Facette (Bild 14).

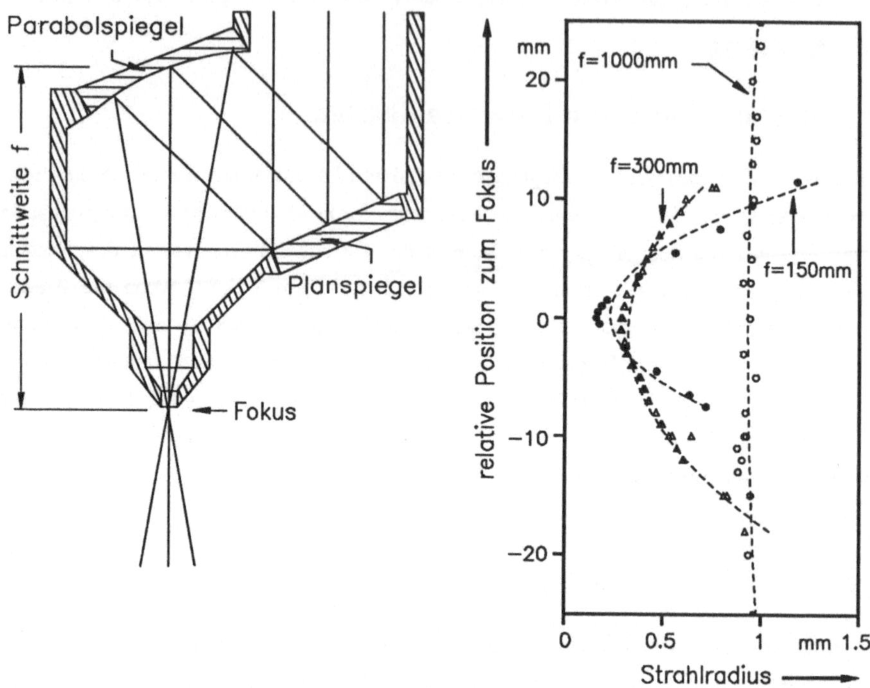

Bild 12   *Schemazeichnung einer Spiegeloptik, mit Messungen von Strahlradien unterhalb der Optik für verschiedene Spiegelschnittweiten.*

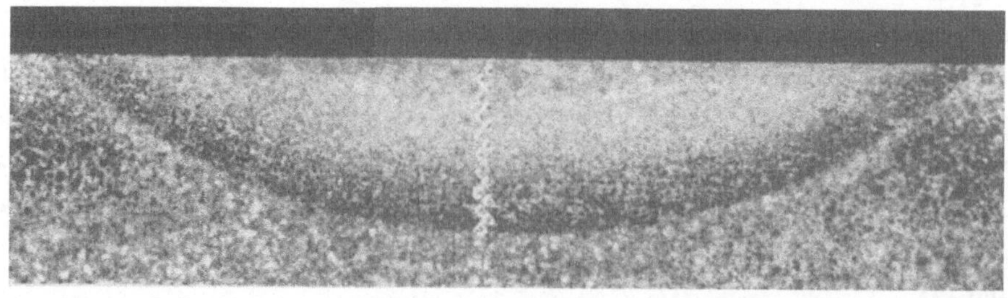

Bild 13   *Schnitt durch eine Härtespur beim Härten mit defokussiertem Laserstrahl.*

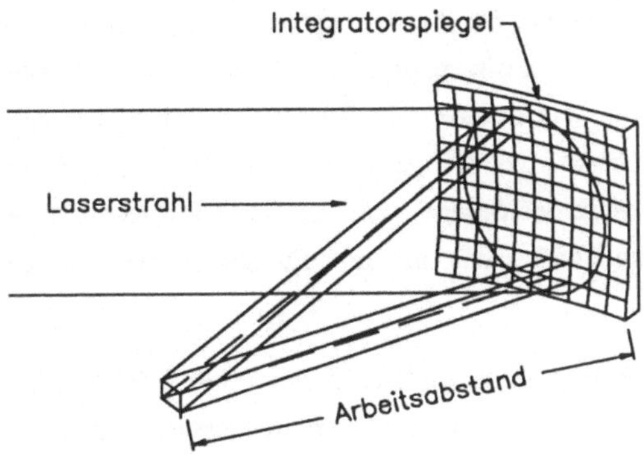

Bild 14   *Facettenintegratoroptik.*

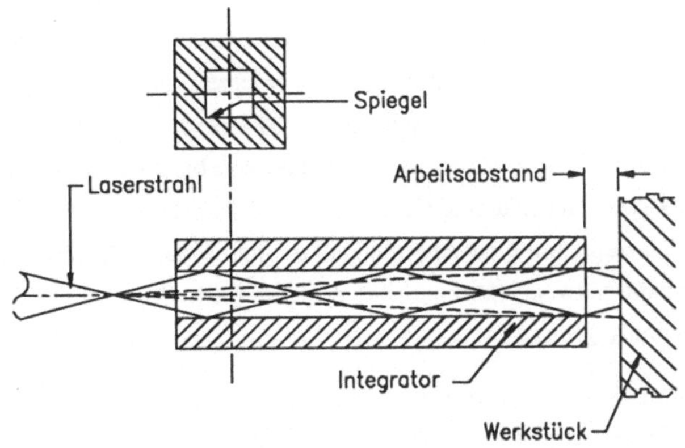

Bild 15   *Kaleidoskopintegratoroptik, bestehend aus einem innen verspiegelten, wasser-*
gekühlten Kupferrohr [44].

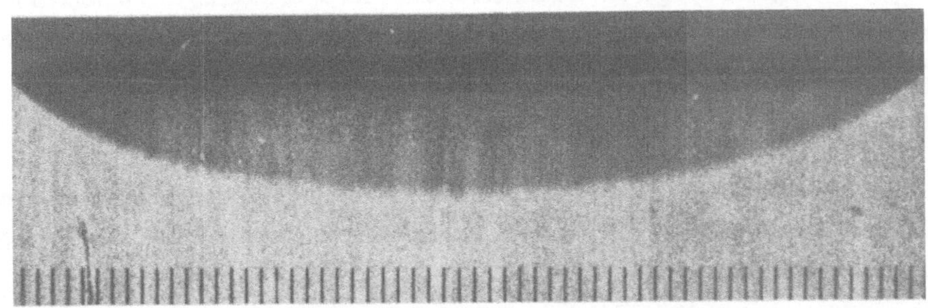

Bild 16   *Schnitt durch eine Härtespur, die mit einer Kaleidoskopoptik erzeugt wurde.*

Diese Optiken eignen sich gut für die Serienproduktion, da sie eine geringe Absorption und eine hohe Zerstörfestigkeit besitzen und einfach zu handhaben sind. Der Nachteil dieses Konzepts ist, daß zur Realisierung verschiedener Fleckgrößen aufwendige Optiksysteme konstruiert werden müssen, die den geformten Strahl wieder abbilden. Der Arbeitsabstand entspricht der Brennweite des Spiegels und ist damit festgelegt. Insgesamt gesehen ist eine solche Optik starr und unflexibel und nur für senkrechte Bearbeitung einer Oberfläche geeignet.

Ein zweites Konzept beruht auf einer Kaleidoskopoptik (Bild 15), bei der der Laserstrahl in ein rechteckiges Rohr fokussiert wird, dessen Innenseiten mit Kupferspiegeln besetzt sind [44]. Durch Mehrfachreflexionen des Strahles im Rohr kommt ein Integrationseffekt zustande, der am Ausgang des Rohres eine rechteckige Intensitätsverteilung mit den Abmessungen der Rohrinnenseiten liefert. Durch Veränderung der Größe der Rohrinnenseiten, z.B. durch auswechselbare Einsätze, lassen sich verschiedene Brennfleckgößen realisieren. Der Arbeitsabstand beträgt wenige Millimeter, was als Nachteil dieses Konzepts zu sehen ist; es treten leicht Verschmutzungen der Optik durch Abbrand der Oberflächenschichten des Werkstückes auf. Ein anderer Nachteil ist der Verlust von bis zu 20% an Laserleistung durch die Mehrfachreflexionen an der Innenseite der Optik. Einige dieser Nachteile können bei einer Erweiterung des Konzepts um eine Abbildungslinse sowie einer Trennung des Kupferrohres in zwei Teilbereiche teilweise kompensiert werden [45]. Auch diese Optik ist nur für senkrechte Bearbeitung geeignet.

Die von Integratoroptiken erzeugten Härtespuren haben einen länglichen Querschnitt und oft über eine größere Breite konstante Randhärtetiefe (Bild 16).

3.1.3 Strahlformung mit Schwingspiegeln

Als weitere Möglichkeit existiert die Strahlformung mit Schwingspiegeln. Dabei lenken ein oder zwei schwingende Spiegel den Laserstrahl in eine oder zwei Richtungen sehr schnell ab. Durch die Trägheit der Wärmeleitung im Werkstück erfolgt eine zeitliche Integration der absorbierten Leistung [46].

Die Schwingspiegel können auf zwei Arten betrieben werden:

-       Gleichzeitiges Bewegen beider Schwingspiegel mit Sinusschwingungen (harmonischen Oszillatoren), die z.B. von normalen Sinusgeneratoren erzeugt werden können (bei Galvanometerscannem)

oder

\-   Abrastern einer Bewegungsbahn, die von einem Rechner erzeugt wird. Dabei kann eine flächendeckende Bewegung zyklisch erzeugt werden.

Die Bewegung eines Schwingspiegelpaares, das durch harmonische Oszillatoren angetrieben wird, wird durch folgendes Bewegungsgesetz beschrieben:

$$\wp(t) \; = \; \begin{pmatrix} A_x \cdot \sin(2\,\pi f_x t) \\ A_y \cdot \sin(2\,\pi f_y t) \end{pmatrix} \tag{13}$$

Dieses Gesetz beschreibt die Bewegung des Strahlzentrums $\wp(t)$ auf dem Werkstück in Abhängigkeit von der Zeit t, der Amplitude in X-Richtung $\pm A_x$, der Amplitude in Y-Richtung $\pm A_y$ und der Schwingfrequenzen f_x und f_y.

Wenn ein Laserstrahl mit der Intensitätsverteilung $I(x,y) = I_0 \cdot I'(x,y)$ über das Werkstück geführt wird, läßt sich die in einem Punkt $\Re$ in der Zeit t_L im Mittel aufgetroffene Intensität durch Gleichung (14) beschreiben [15]:

$$I(\Re,t_L) \; = \; \frac{I_0}{t_L} \cdot \int_0^{t_L} I'(\wp(t) - \Re)\; dt \tag{14}$$

Durch die Bewegung der Schwingspiegel entstehen Lissajous-Figuren auf der Werkstückoberfläche. Ferner wird an den Umkehrpunkten der von der Schwingspiegeloptik erzeugten Bahnen aufgrund der längeren Verweildauer eine größere Energiemenge auf die Werkstückoberfläche gebracht, was sehr leicht zu Anschmelzungen in diesen Bereichen bzw. zu ungleichmäßigen Härtungen führt. Dies wird durch das Verhältnis der Auslenkung der Schwingspiegel zum Strahlradius des Laserstrahls beeinflußt (Bild 17). Der Gradient der Intensitätsverteilung am Rande des Brennflecks wird durch diese Defokussierung allerdings ebenfalls beeinflußt, so daß bei großer Defokussierung das Härteergebnis wieder dem eines defokussierten Laserstrahles ähnelt (Bild 18, vgl. Bild 13).

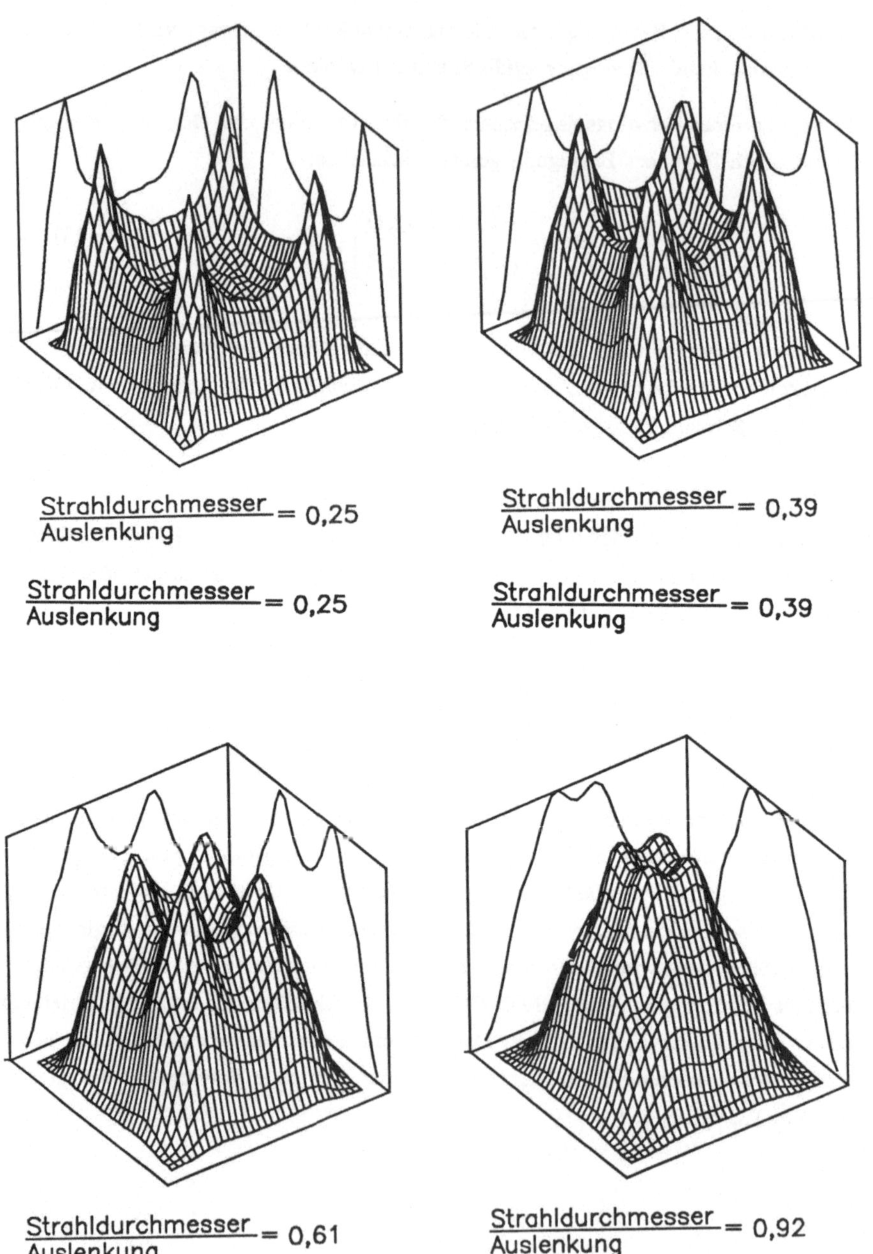

Bild 17   *Mittlere eingestrahlte Leistung bei verschiedenen Verhältnissen von Strahldurchmesser zu Auslenkung der Schwingspiegel (Lasermode: TEM_{01*}).*

Strahldurchmesser / Auslenkung = 0,25

Strahldurchmesser / Auslenkung = 0,39

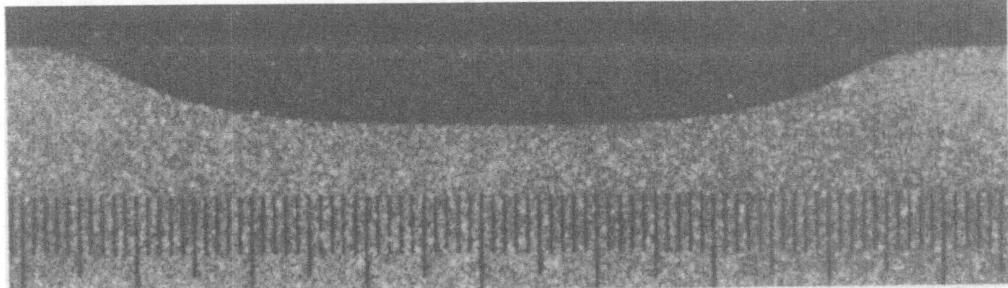

Strahldurchmesser / Auslenkung = 0,61

Strahldurchmesser / Auslenkung = 0,92

Bild 18   *Querschliffe durch Härtespuren, die mit einer Scanneroptik und verschiedenen Verhältnissen Strahlauslenkung zu Strahlradius erzielt wurden.*

3.1.4 Spezialoptiken

Zur Härtung von komplexen Teilen in der Serienfertigung kommen häufig Optiken zum Einsatz, die nur für die Aufgabe geeignet sind, für die sie entwickelt wurden [47,48,49]. Als Beispiel soll hier eine Optik zum gleichzeitigen Härten von zwei Zahnflanken genannt werden, bei der der Laserstrahl über einen rotierenden Polygonspiegel und einen Dreieckspiegel in zwei Teilstrahlen aufgespalten wird, die dann gleichzeitig über die beiden Flanken eines Zahns bewegt werden. Durch diese Strahlformung wird erreicht, daß das Härten eines Zahnes sehr schnell geschehen kann. Ferner wird verhindert, daß beim Härten der zweiten Zahnflanke ein Anlassen der ersten Zahnflanke auftritt. Speziell bei der Konstruktion solcher Optiken zum Laserhärten werden die Eigenschaften der freien Lenkbarkeit des Laserlichtes ausgenutzt, die den großen Vorteil des Verfahrens gegenüber den herkömmlichen Wärmebehandlungsverfahren darstellen.

3.2 Metallkundliche Vorgänge beim Laserhärten

3.2.1 Allgemeine Beschreibung

Durch die Absorption der Laserstrahlung wird das Ausgangsgefüge des Eisenwerkstoffs in einem oberflächennahen Bereich kurzzeitig in eine Hochtemperaturphase erwärmt, aus der sich dann durch Selbstabschreckung ein hartes Nichtgleichgewichtsgefüge bildet. Die spätere Härtezone ist identisch mit dem Bereich, in dem sich die Hochtemperaturphase, bei der Festphasenumwandlung also Austenit, bilden konnte, wenn die zur Erzielung des gewünschten

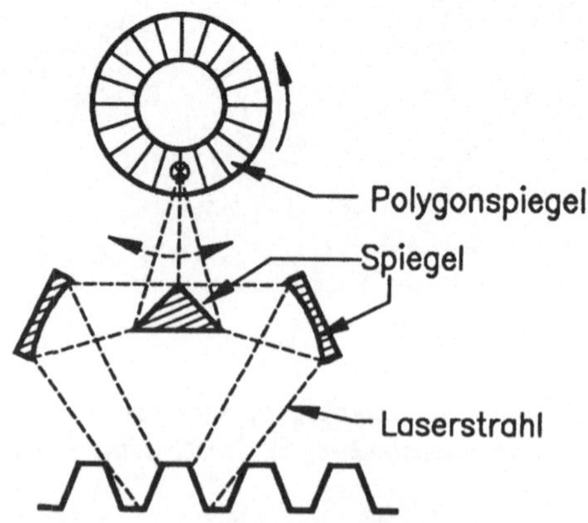

Bild 19   *Optik zum Härten von Zähnen auf Schalthebeln [49].*

Nichtgleichgewichtsgefüges erforderliche kritische Abkühlgeschwindigkeit des Werkstoffs überall in der Wärmeeinflußzone erreicht wird. Ein charakteristischer Unterschied zu konventionellen Wärmebehandlungsverfahren sind dabei die hohen Temperaturgradienten (ca. 10^4 K/s), die bei den Aufheiz- und Abkühlraten im Material auftreten.

Generell können alle Werkstoffe lasergehärtet werden, die auch mit herkömmlichen Verfahren härtbar sind. Die erforderlichen Umwandlungstemperaturen des Eisenwerkstoffes können dem Eisen-Kohlenstoff Diagramm (Bild 20) entnommen werden und sind von der Zusammensetzung des verwendeten Materials abhängig [50]. Der Laserhärtevorgang kann, wie konventionelle Verfahren auch, in die Phasen Aufheizung, Haltezeit und Abkühlung unterteilt werden. Dies läßt sich in Bild 21 sehen, wo ein typischer Temperaturverlauf in verschiedenen Ebenen eines Werkstücks während der Härtung mit Laserstrahlen dargestellt ist. Aus diesem Diagramm ist ersichtlich, daß bei dem Laserverfahren, so wie bei allen Randschichthärteverfahren, die zeitliche Temperaturkurve, die ein Volumenelement im Material durchläuft, von seiner Position zur Wärmequelle abhängig ist.

Vereinfacht dargestellt beginnt der Umwandlungsvorgang eines Volumenelementes, sobald es über die Ac_1-Temperatur (Austenittemperatur) erwärmt wurde. Die vollständige Umwandlung

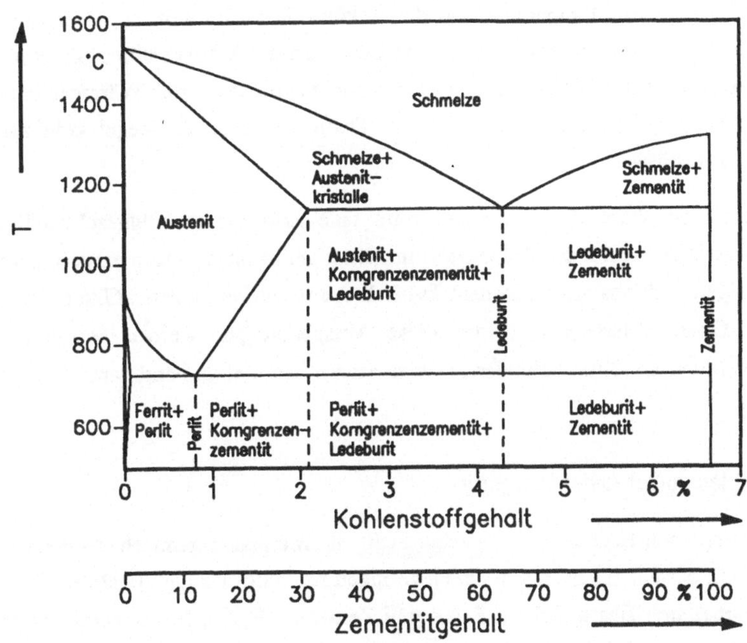

Bild 20   *Vereinfachtes Eisen-Kohlenstoff Zustandsdiagramm [50].*

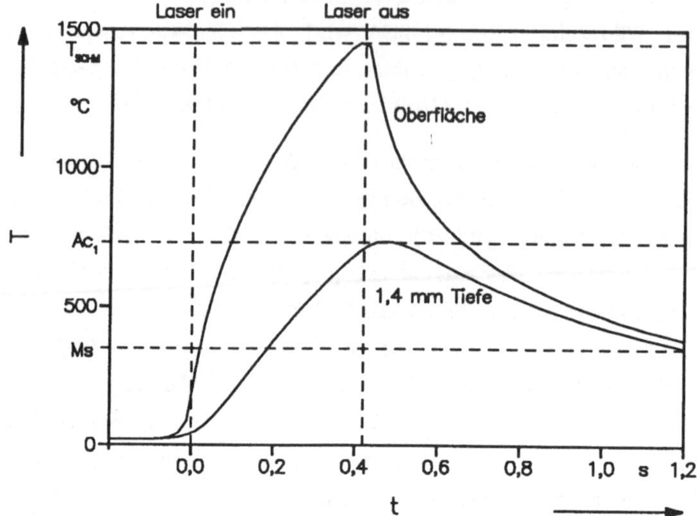

Bild 21   *Exemplarischer Temperatur-Zeitverlauf beim Laserhärten in verschiedenen Tiefen des Werkstückes.*

zum Austenit ist ab der Ac_3-Temperatur abgeschlossen. Die Haltezeit ist die Zeit, ab der vollständigen Umwandlung des Volumenelementes in die Austenitphase bis zum erneuten Unterschreiten der Ac_3-Temperatur, und die Abkühlzeit ist die Zeit zwischen dem erneuten Unterschreiten der Ac_3-Temperatur und dem Erreichen der Martensitbildungstemperatur Ms. Charakteristisch für das Laserverfahren ist, daß die Abkühlung durch Wärmeableitung in das restliche Werkstückvolumen vonstatten geht. Darum wird in der Regel kein zusätzliches Kühlmedium benötigt.

In der Abschreckphase des Vorganges muß eine kritische Abkühlgeschwindigkeit T_{krit} eingehalten werden, damit der Kohlenstoff im Gitter gelöst bleibt. Dann entsteht aufgrund des überschüssigen Kohlenstoffes aus dem kubisch raumzentrierten Ferrit-Gitter ein tetragonal verzerrtes Gitter (Martensit). Durch diese Verspannungen werden Wanderungen von Versetzungslinien im Gitter behindert, was zu einem härteren und spröderen Gefüge führt.

3.2.2 Kohlenstoffdiffusionsvorgang

Bei Raumtemperatur liegt untereutektischer Stahl als Zweiphasengemisch aus Ferrit und Perlit vor. Das Ferrit besteht aus Eisen mit einem geringen Kohlenstoffanteil (0,025%). Perlit besteht aus zwei lamellaren Bestandteilen, Ferrit und Zementit (Fe_3C). Im Zementit ist der größte Kohlenstoffanteil des Stahls enthalten. Nach Überschreiten der Ac_1-Temperatur findet eine

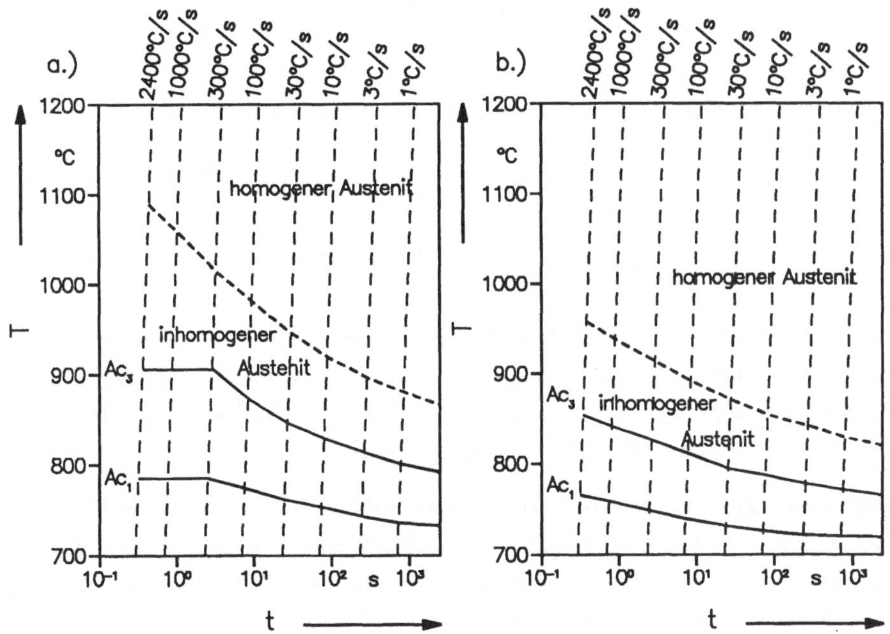

Bild 22   *ZTA-Diagramme für a.) normalgeglühten und b.) vorvergüteten CF53 [58].*

Festphasenumwandlung des Eisenmaterials von der α-Phase (krz-Gitter) zur γ-Phase (kfz-Gitter, Austenit) statt, die ab der Ac_3-Temperatur abgeschlossen ist. Der Beginn der Austenitisierung ist an Keimbildungsprozesse gebunden, was eine Inkubationszeit zur Folge hat, die von der Überhitzung des Perlits über die Ac_1-Temperatur abhängt. Bei einer lokalen Erwärmung weit über die Ac_3-Temperatur sind zwangsläufig Austenit und Perlit nebeneinander im Material vorhanden. Damit entfällt die Umwandlungsverzögerung durch Keimbildung.

Direkt nach der Phasenumwandlung liegt im Austenit eine stark inhomogene Verteilung des Kohlenstoffs vor. Da die Löslichkeit des Kohlenstoffs im Austenit deutlich größer ist als im Ferrit, entsteht somit ein Konzentrationsgefälle, was einen Kohlenstoffdiffusionsvorgang einleitet. Dieser Diffusionsvorgang führt zu einem Konzentrationsausgleich der Kohlenstoffatome, wenn genügend Zeit für den Vorgang zur Verfügung steht [51]. Nur ein Gefüge, das aus einem Zustand homogenen Austenits, d.h. nach erfolgtem Konzentrationsausgleich, abgeschreckt wird, kann maximale Härtewerte erreichen. Aus diesem Grund muß die Haltezeit in einem betrachteten Volumenelement lange genug sein, um diesen Konzentrationsausgleich zu ermöglichen. Die Diffusionslänge S_D eines Kohlenstoffatomes ist definiert als [47]:

$$S_D = \sqrt{2 \cdot D_C \cdot t} \tag{15}$$

Der Diffusionskoeffizient D_C hängt dabei wie folgt von der Temperatur T ab:

$$D_C = D_0 \cdot e^{\frac{-H_C}{k \cdot T}} \tag{16}$$

Da beim Laserverfahren wesentlich kürzere Haltezeiten als bei herkömmlichen Verfahren gegeben sind, stehen dem Kohlenstoff nur Diffusionszeiten von etwa 0,1-1 sec zur Verfügung. Dies muß durch höhere Prozeßtemperaturen (bis knapp unter die Schmelzgrenze) und damit höhere Diffusionsgeschwindigkeiten ausgeglichen werden.

Damit es trotz der kurzen Diffusionszeiten zu einer vollständigen Auflösung des Kohlenstoffs im Austenit und damit zu einer homogenen Martensitbildung kommen kann, setzt das Laserverfahren darüberhinaus eine weitgehend feine Verteilung von Kohlenstoff und Legierungselementen im Grundgefüge voraus. Dies ist aus den ZTA-Diagrammen in Abhängigkeit des Ausgangsgefüges (Bild 22) ersichtlich. Aus diesem Grund sind Stähle mit einem hohen Ferritanteil weniger zum Laserhärten geeignet, und die besten Ergebnisse werden mit vorvergüteten Materialien erzielt.

3.3 Wärmeleitung im Werkstück

3.3.1 Allgemeine Wärmeleitungsgleichung

Nachdem der Laserstrahl durch eine Strahlformung geformt und von der Oberfläche absorbiert wurde, ist die Laserleistung in Wärme umgewandelt worden, die dann durch Wärmeleitung im Werkstück verteilt wird.

Die allgemeine Wärmeleitungsgleichung hat in kartesischen Koordinaten folgende Form [52]:

$$\frac{\delta^2 T}{\delta x^2} + \frac{\delta^2 T}{\delta y^2} + \frac{\delta^2 T}{\delta z^2} - \frac{\delta T}{\kappa \cdot \delta t} = 0 \tag{17}$$

Dabei gilt folgender Zusammenhang zwischen den Stoffwerten:

$$\kappa = \frac{K}{\rho \cdot c_p} \tag{18}$$

Gleichung (17) kann, in Abhängigkeit der Komplexität des Problemes und der Randbedingungen, sowohl analytisch als auch numerisch gelöst werden. Der Laserstrahl wird dabei immer als Oberflächenwärmequelle angenommen.

Bei analytischen Lösungen wird in der Regel davon ausgegangen, daß bei einfachen Geometrien ein quasistationärer Zustand erreicht wird. Dann kann bei Vernachlässigung der Temperaturabhängigkeit der Stoffparameter eine Lösung angegeben werden [53,54]. Diese Berechnungen können nicht flexibel an bestehende Probleme angepaßt werden, haben aber den Vorteil, daß sie sich schnell mit einfachen Rechnern bewältigen lassen.

Zur numerischer Lösung des Problemes können die Techniken der Finiten-Differenzen-Methode (FD) verwendet werden. Diese Lösungen lassen sich an alle Geometrien und Randbedingungen anpassen, benötigen aber, je nach Grad der Komplexität, einen wesentlich größeren Rechner- und Rechenzeitaufwand.

Als Beispiel wird im folgenden eine eindimensionale analytische Näherungsrechnung vorgestellt und deren Ergebnisse mit denen einer eindimensionalen FD-Methode verglichen.

3.3.2 Eindimensionale analytische Näherungslösung

In vielen Fällen ist für Abschätzungen beim Laserhärten ein eindimensionales Modell ausreichend, mit dem der Temperaturverlauf in der Tiefe in Abhängigkeit von der Zeit berechnet wird. Man geht dabei von einem halbunendlichen Körper aus, der mit einer unendlich breiten uniformen Wärmequelle überstrichen wird. Voraussetzung für die Anwendbarkeit dieser Näherung ist, daß die Breite der Wärmequelle und die Dicke des Werkstückes größer als die charakteristische Wärmeeinflußzone D sind [55]:

$$D = 2 \cdot \sqrt{\kappa \cdot t} \tag{19}$$

Ist dies der Fall, so kann eine laterale Wärmeleitung vernachlässigt werden.

Der Wärmeleitungsprozeß wird in die Phasen Aufheizvorgang ($t \leq t_L$) und Abkühlphase ($t > t_L$) aufgeteilt. Für den Temperaturverlauf $T(z,t)$ in Abhängigkeit der Tiefe z und der Zeit t gilt dann folgende Lösung [56]:

$$T(z,t) = \frac{2\,\alpha(\lambda)I_L}{K} \cdot \sqrt{\kappa t} \cdot \mathit{ierfc}\left(\frac{z}{2\,\sqrt{\kappa t}}\right) \qquad t \le t_L$$

$$T(z,t) = \frac{2\,\alpha(\lambda)I_L}{K} \cdot \sqrt{\kappa} \cdot \left(\sqrt{t}\cdot \mathit{ierfc}\left(\frac{z}{2\,\sqrt{\kappa t}}\right)\right. \tag{20}$$

$$\left. - \sqrt{t-t_1}\cdot \mathit{ierfc}\left(\frac{z}{2\,\sqrt{\kappa\cdot(t-t_L)}}\right)\right) \qquad t > t_L$$

Die Zeit t_L bezeichnet die Bestrahlzeit (bei Standhärtung) bzw. die Zeit, die der Laserstrahl mit der Breite b_L benötigt, um bei einer Vorschubhärtung mit Vorschubgeschwindigkeit v einen Punkt an der Oberfläche zu überstreichen:

$$t_L = \frac{b_L}{v} \tag{21}$$

Die Temperatur an der Oberfläche kann direkt durch Einsetzen von $z=0$ erhalten werden:

$$T(0,t) = \frac{2\cdot\alpha(\lambda)\cdot I_L\cdot\sqrt{\kappa t}}{K\cdot\sqrt{\pi}} \qquad t \le t_L$$

$$T(0,t) = \frac{2\cdot\alpha(\lambda)\cdot I_L\cdot\sqrt{\kappa}}{K\cdot\sqrt{\pi}} \cdot \left(\sqrt{t} - \sqrt{t-t_L}\right) \qquad t > t_L \tag{22}$$

Mit Hilfe dieser Lösung ist es möglich, die Prozeßgrenzen des Laserhärteverfahrens näherungsweise zu bestimmen. Bild 23 zeigt dies beispielhaft für die Laserhärtung von C45.

Damit wurde die Bestrahlzeit t_L zum Erreichen einer Oberflächentemperatur von 1450°C, dies entspricht der Schmelztemperatur, für verschiedene absorbierte Intensitäten I_{ABS} berechnet. Die bei den Berechnungen verwendeten Materialparameter und Näherungslösungen befinden sich im Anhang [57,58,59]. Im Anschluß daran wurde die Tiefe der 800°C-Isotherme, dies entspricht etwa der Temperatur der vollständigen Austenitumwandlung, in Abhängigkeit der maximalen Haltezeit bestimmt. Daraus ergeben sich die in das Diagramm durchgezogen eingezeichneten Begrenzungslinien. Eine zweite Begrenzungslinie ergibt sich aus der kritischen Abkühlgeschwindigkeit T_{KRIT} (strichlierte Linie). Alle Werte, die sich zwischen den beiden

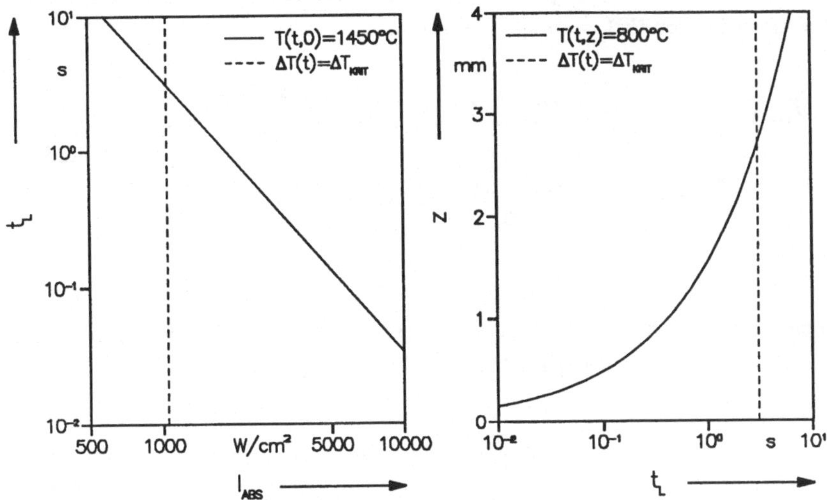

Bild 23   *Prozeßgrenzenbestimmung beim Laserhärten von C45 mit Hilfe der ein-*
dimensionalen Näherungslösung.

Kurven befinden, sind beim Laserhärten erreichbar.

Aus dieser einfachen Abschätzung ist ersichtlich, daß die Intensität zum Laserhärten zwischen 10^3 W/cm² und 10^4 W/cm² liegen muß und daß aufgrund der kritischen Abkühlgeschwindigkeit Laserhärtungen tiefer als ca. 3 mm bei diesem Stahl nicht möglich sind. Dies stellt in etwa die generelle Prozeßgrenze bei einer Härtung mit Laserstrahlen dar.

3.3.3 Finite-Differenzen Ansatz

Die Finite-Differenzen Methode [52] geht von einer Aufteilung des Raumes in kleine Volumenelemente dV und der Zeit in kleine Zeitschritte δ_t aus. Für diese Volumenelemente werden Differenzengleichungen aufgestellt. Für Differentiale im eindimensionalen Fall gilt dabei:

$$\delta T_m = T_{m+1} - T_m \tag{23}$$

und

$$\delta^2 T = T_{m+\frac{1}{2}} - T_{m-\frac{1}{2}} = T_{m-1} - 2 \cdot T_m + T_{m+1} \tag{24}$$

Damit kann die Wärmeleitungsgleichung in eine Differenzenform überführt werden, die für den dreidimensionalen Fall wie folgt aussieht:

$$T_{m,n+1} - T_{m,n} = \frac{\kappa \cdot \delta_t}{\delta_x^2} \cdot (T_{m_x+1,n} - 2 \cdot T_{m_x,n} + T_{m_x-1,n}) + \frac{\kappa \cdot \delta_t}{\delta_y^2} \cdot (T_{m_y+1,n} -$$
$$2 \cdot T_{m_y,n} + T_{m_y-1,n}) + \frac{\kappa \cdot \delta_t}{\delta_z^2} \cdot (T_{m_z+1,n} - 2 \cdot T_{m_z,n} + T_{m_z-1,n}) \tag{25}$$

Die geometrische Position eines Netzelementes in X,Y und Z-Richtung wird dabei durch folgende Gleichung festgelegt (Bild 24):

$$x = (m_x + \frac{1}{2}) \cdot \delta_x$$
$$y = (m_y + \frac{1}{2}) \cdot \delta_y \tag{26}$$
$$z = (m_z + \frac{1}{2}) \cdot \delta_z$$

3.3.4 Randbedingungen durch das Rechennetz

Um eine korrekte Beschreibung eines halbunendlichen Körpers mit dem FD-Algorithmus zu bekommen, müßte das benützte Rechennetz in jede Richtung unendlich groß sein. Da dies aber nicht realisierbar ist, müssen die Ränder des Netzes und auch des betrachteten Körpers gesondert behandelt werden. Dabei gibt es zwei unterscheidbare Fälle:

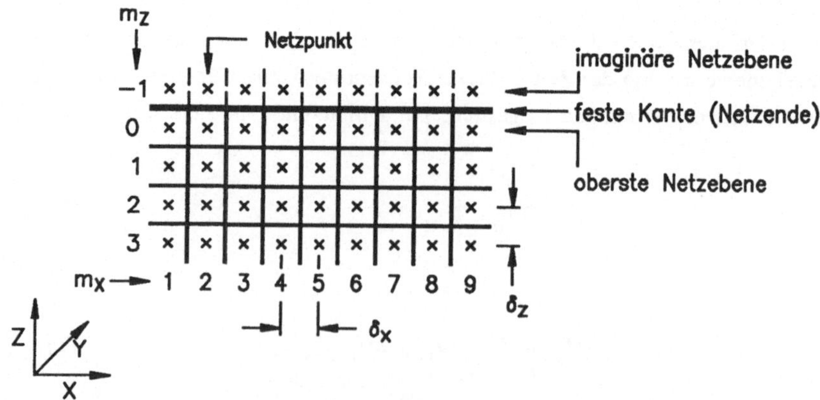

Bild 24   *Ausschnitt aus einem zweidimensionalen Rechennetz (X-Z Ebene).*

- Das Netzende fällt mit einer Kante zusammen. Die Werkstück-Kante verläuft dabei zwischen dem Element m und $m+1$. In diesem Fall kann bei Vernachlässigung von Wärmeabstrahlung als Randbedingung eine Temperaturspiegelung verwendet werden. Für die Temperatur des Netzpunktes $m+1$, der sich außerhalb der Kante befindet, wird dann folgendes angenommen:

$$T_{m+1,n} = T_{m,n} \qquad (27)$$

Dies führt zu einem Wärmestau an der Kante.

- Das Netzende liegt mitten im Material. In diesem Fall kann die unbekannte Temperatur außerhalb des Netzes durch eine quadratische Näherung aus den letzten Temperaturen interpoliert werden:

$$T_{m+1,n} = T_{m,n} - \frac{(T_{m-1,n} - T_{m,n})^2}{(T_{m-2,n} - T_{m-1,n})} \qquad (28)$$

3.3.5 Wärmeeinkopplung durch Laserstrahlung

Die Laserstrahlung kann als Oberflächenwärmequelle angesehen werden, da die Eindringtiefe von Laserstrahlung im Submikrometer-Bereich liegt. Im Rahmen des FD-Modells wird angenommen, daß die absorbierte Laserleistung in der obersten Netzebene in Wärme umgewandelt wird. Dies geschieht rechentechnisch durch Hinzuaddieren einer Temperatur zu der Temperatur der in der obersten Netzebene bestrahlten Elemente bei jedem Zeitschritt. Diese Temperaturänderung durch Laserbestrahlung in einem Netzelement kann nach Gleichung (29) berechnet werden:

$$\Delta T_{Laser} = \frac{I_L \cdot dx \cdot dy \cdot \delta_t}{c_p \cdot \rho \cdot dV} = \frac{I_L \cdot \delta_t}{c_p \cdot \rho \cdot dz} \qquad (29)$$

3.3.6 Laufbedingung für das FD-Modell

Das FD-Modell kann nicht mit beliebigen Kenngrößen wie Zeitschritt δ_t und Abstand der Netzpunkte δ_X, δ_Y oder δ_Z betrieben werden. Es gibt eine notwendige Stabilitätsbedingung für den Zeitschritt, die diesen mit dem kleinsten auftretenden Abstand (hier: δ_Z) zweier Netzpunkte verknüpft [52]:

$$\frac{\kappa \cdot \delta_t}{\delta_z^2} \leq \frac{1}{2} \tag{30}$$

Aus dieser Ungleichung kann die maximale Größe des Zeitschrittes für die Berechnung bestimmt werden.

3.3.7 Einführung variabler Netzschichtdicken

Da die Einkopplung der Laserstrahlung nur in einer sehr dünnen Schicht geschieht, ist es notwendig, an der Oberfläche des Werkstücks kleine Netzschichtdicken dz_0 zu haben, um die Oberflächentemperatur noch hinreichend genau beschreiben zu können. Aus Gründen der Rechenzeit und Netzgröße ist es aber nicht sinnvoll, diese Schichtdicke über die gesamte Tiefe beizubehalten. Aus diesem Grund kann eine Variation der Schichtdicke über der Tiefe durchgeführt werden. Diese Variation erfolgt linear abhängig von der Tiefe, wobei Gleichung (31) für die Dicke dz_i einer Netzebene i und für den Abstand $\delta_{Z,i \pm 1}$ der Mittelebenen zweier Netzebenen (i und $i \pm 1$) angesetzt werden kann:

$$dz_i = dz_0 + i \cdot \delta z$$
$$\delta_{z,i \pm 1} = dz_0 + (i \pm \frac{1}{2}) \cdot \delta z \tag{31}$$

Bei dieser Schichtdickenänderung im Rechennetz muß beachtet werden, daß bei der Berechnung nicht mehr von dem allgemeinen FD-Ansatz ausgegangen werden kann, da der Abstand zweier aufeinanderfolgender Netzpunkte und die Höhe der dazugehörenden Volumenelemente nicht mehr gleich sind. Statt dessen muß die zeitliche Änderung der Temperatur aus dem Fouriergesetz der Wärmeleitung und der Definition der Wärmekapazität hergeleitet werden.

Die Formulierung der FD-Wärmeleitungsgleichung (25) in Z-Richtung bekommt damit folgendes Aussehen:

$$T_{m,n+1} = \ldots\ldots + \frac{\kappa \cdot \delta_t}{\delta_{z,m_z-1} \cdot dz_{m_z}} \cdot (T_{m_z+1,n} - T_{m_z,n})$$
$$+ \frac{\kappa \cdot \delta_t}{\delta_{z,m_z+1} \cdot dz_{m_z}} \cdot (T_{m_z-1,n} - T_{m_z,n}) + \ldots\ldots \tag{32}$$

3.3.8   Temperaturabhängigkeit der Stoffparameter

Bei einer genauen Rechnung müssen die Temperaturabhängigkeiten der Stoffparameter berücksichtigt werden. Dies hat den Nachteil, daß dann das Ergebnis nur für genau eine Kombination von Laserleistung, Brennfleckgröße, Vorschubgeschwindigkeit und Werkstoff gilt. Bei Verwendung von gemittelten Stoffparametern kann ein gerechnetes Netz im nachhinein über die Laserleistung skaliert werden. Man erhält somit ein ganzes Parameterfeld aus einer Rechnung. Aus diesem Grund empfiehlt es sich, generelle Abschätzungen mit gemittelten Werkstoffparametern zu machen und nur einige wichtige Vergleichsrechnungen mit den temperaturabhängigen Stoffparametern.

In Bild 25 ist ein Vergleich der Ergebnisse von eindimensionalen FD-Rechnungen mit gemittelten FD(const) und mit temperaturabhängigen Parametern FD(T) und der analytischen Lösung dargestellt. Darin ist der Einfluß der Stoffparameter auf das Rechenergebnis ersichtlich. In dem betrachteten Beispiel wurden von dem Programm mit temperaturabhängigen Konstanten deutlich höhere Endtemperaturen, als mit den anderen beiden Rechenverfahren ermittelt. Dieses Verhalten ist mit dem Verhalten der Stoffparameter erklärbar, die sehr stark von der Temperatur abhängen [60,61]. Da das Laserhärten je nach Prozeßparametern mit großen Temperaturgradienten in einem Temperaturbereich zwischen Raumtemperatur und Schmelztemperatur stattfindet, bringt eine Mittelung der Stoffparmter somit einen Fehler, der von den erreichten Temperaturen, dem überstrichenen Temperaturbereich und der Art der Mittelung abhängt.

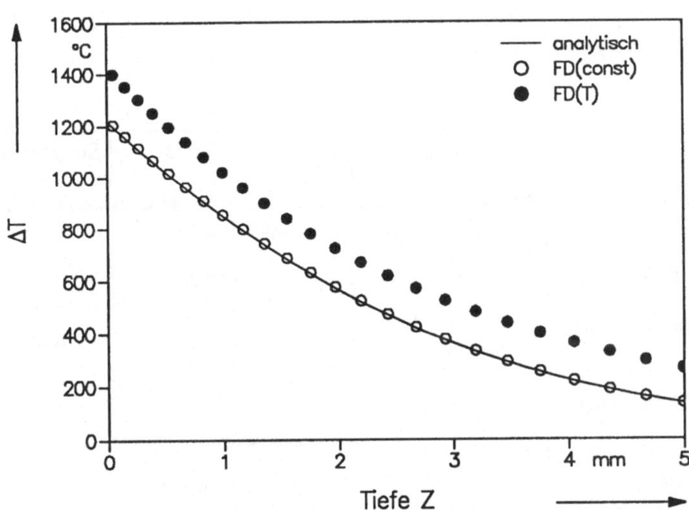

Bild 25   *Eindimensionale Berechnung der Temperaturverteilung im Werkstück (1500W, 1s Bestrahlzeit). Vergleich von FD- und analytischer Lösung.*

4 Möglichkeiten der Optimierung des Laserhärtens

4.1 Einflußgrößen auf das Ergebnis einer Laserhärtung

Die Einflußgrößen auf das Ergebnis einer Laserhärtung lassen sich, wie in Tabelle 5 dargestellt, vier Gruppen zuordnen:

WERKSTÜCKSPEZIFISCHE EINFLUßGRÖßEN werden durch die Konstruktion und den Werkstoff des zu härtenden Bauteiles vorgegeben. Das Material gibt die Wärmeleitungskonstanten und die maximal erreichbare Härte vor. Durch den Ausgangsgefügezustand kann auf den zum Härten benötigten Temperaturverlauf Einfluß genommen werden. Die Geometrie der gewünschten Härtezone und die Geometrie des Bauteiles im Bereich der Laserbearbeitung bestimmen und beeinflußen in weiten Bereichen den beim Härten benötigten und erreichten Temperaturverlauf. Durch die Breite der gewünschten Härtezone wird zum Beispiel bereits vorab entschieden, ob die Härtung in einem Durchgang oder mit mehreren überlappenden Spuren bzw. mit einem Härtemuster durchgeführt werden muß. Die Geometrie des Bauteiles im Bereich der Laserhärtung beeinflußt die Ausbildung der Temperaturgradienten im Material. Wenn nur eine ungenügende Wärmeableitung, zum Beispiel durch zu dünne Wandstärken oder eine Kante, vorhanden ist, führt dies zum Wärmestau und zu einer schlechten Abschreckung des Gefüges oder auch zu Oberflächenanschmelzungen. Alle diese Einflußgrößen sind im Rahmen einer "lasergerechten Konstruktion" beeinfluß- und optimierbar.

LASERSPEZIFISCHE EINFLUßGRÖßEN sind die Laserwellenlänge, die maximal zur Verfügung stehende Laserleistung und eine definiert vorhandene Polarisation des Laserlichtes. Sie sind durch den zur Verfügung stehenden Laser festgelegt. Auf die Wellenlänge kann bei

Werkstückspezifisch	Laserspezifisch	Werkstückhandhabung	Strahlhandhabung
- Material - Ausgangsgefüge - Geometrie der Härtespur - Geometrie des Bauteiles - Oberflächenbeschaffenheit	- Wellenlänge - Maximalleistung - Polarisation	- Beschichtung - Wärmeableitung (zusätzlich) - Verfahrgeschwindigkeit - Prozeßgas - Spurüberlapp (bei Flächenhärtung)	- Brennfleckgeometrie - Intensitätsverteilung - Einfallswinkel

Tabelle 5   Veränderbare Einflußgrößen beim Laserhärten eines Werkstückes.

Hochleistungslasern kein Einfluß mehr genommen werden. Der Grad und die Art der Polarisation ist durch optische Elemente veränderbar.

Bei der *WERKSTÜCKHANDHABUNG* bestimmt eine Oberflächenbeschichtung die Absorption der Laserstrahlung und damit die Prozeßeffizienz. Über zusätzliche Maßnahmen zur Wärmeableitung, wie zum Beispiel Kupferblöcke, kann eine bessere Abschreckung des Materials erreicht werden. Dies ist vor allem bei Geometrien mit ungenügender Wärmeableitung notwendig. Die Vorschubgeschwindigkeit bestimmt die maximal erreichbare Randhärtetiefe und Taktzeit. Diese wird auch von einem eventuell erforderlichen Spurüberlapp, bei Härtung großer Flächen, bestimmt. Bei diesen Spurüberlapps kann es zu unerwünschten Härteeinbrüchen durch Anlaßeffekte kommen. Ein Prozeßgas (Inertgas) nimmt Einfluß auf den Ablauf von Oxidationsvorgängen an der Oberfläche während des Härtevorganges. Eine auftretende Oxidation macht in der Regel ein nachträgliches Nacharbeiten des Werkstückes erforderlich.

Durch die *STRAHLHANDHABUNG*, dies sind die Strahlführung und -formung, wird vor allem die Brennfleckgeometrie und Intensitätsverteilung bestimmt. Durch den Einfallswinkels werden, bei polarisiertem Laserstrahl, die Absorptionseigenschaften der Oberfläche zusätzlich beeinflußt.

Aus den bisher in dieser Arbeit behandelten Eigenschaften des Laserhärtens wurden die im folgenden aufgeführten allgemeinen Vorschläge zur Optimierung des Verfahrens extrahiert, um sie im Rahmen der Arbeit näher zu untersuchen.

4.2 Optimierungsvorschläge

4.2.1 Verbesserte und kontrollierte Absorption der Laserstrahlung am Werkstück

Die Effizienz des Laserhärteverfahrens ist direkt von der Absorption des Laserstrahls an der Werkstückoberfläche abhängig. Eine Verbesserung der Absorption führt unmittelbar zu einer Effizienzsteigerung. Aus Gründen der Handhabbarkeit und Automatisierbarkeit sollte, wenn möglich, auf zusätzlich aufzubringende Schichten verzichtet werden. Eine Lösung bietet die Verwendung von Lasern kürzerer Wellenlänge sowie die Realisierung der Absorptionserhöhung durch höhere Einfallswinkel bei linear polarisierter Laserstrahlung ("Brewster-Effekt"). Ein Verzicht auf eine absorptionserhöhende Schicht führt dabei zwar dennoch zu geringeren Absorptionswerten als sie mit senkrechter Bestrahlung und Beschichtung erzielbar wären, die Einsparung von Prozeßschritten zur Schichterzeugung und -entfernung könnte in vielen Fällen allerdings einen Verfahrensvorteil ergeben.

4.2.2 Einhalten einer möglichst hohen Oberflächentemperatur durch Prozeßkontrolle

Der Kohlenstoffdiffusionsvorgang im Material ist von der Temperatur abhängig. Eine möglichst hohe Oberflächentemperatur führt zu kürzeren benötigten Haltezeiten und damit zu höheren Prozessgeschwindigkeiten. Die besten Ergebnisse sind zu erwarten, wenn die Oberflächentemperatur im gesamten bestrahlten Bereich konstant und am Beispiel der untereutektoiden Stähle knapp unter der Schmelztemperatur ist [15]. Um die Temperatur im Prozeß so hoch zu halten, ist eine automatische Leistungsnachführung in Abhängigkeit der Oberflächentemperatur nötig, um Schwankungen in der Laserleistung auszugleichen, bei kleinen Unregelmäßigkeiten das sofortige Anschmelzen des Werkstückes zu vermeiden, auf unterschiedliche Wärmeableitung zu reagieren und damit den Prozeß für die industrielle Fertigung automatisierbar zu gestalten.

Eine Prozeßkontrolle hat den zusätzlichen Vorteil, daß die dabei anfallenden Signale für eine Qualitätsüberwachung und -dokumentation im Sinne der Produkthaftung verwendet werden können.

4.2.3 Flexible Anpassung der Geometrie des Strahlfleckes an das Werkstück

Um die Laserleistung möglichst optimal einbringen zu können, ist vor allem bei komplexeren Werkstückgeometrien eine Anpassung der Geometrie des Strahlprofiles an das Werkstück erforderlich. Ferner sollte das Laserhärteverfahren eine erhöhte Flexibilität durch während des Prozesses frei gestaltbare Brennfleckgrößen und Intensitätsverteilungen besitzen, um damit auch ohne Umrüstung eine variable Behandlung von verschiedenen Geometrien zu ermöglichen.

4.2.4 Flexible Anpassung der Intensitätsverteilung innerhalb des Strahlfleckes an das Werkstück

Um innerhalb des Strahlfleckes eine möglichst hohe Temperatur, knapp unter Schmelztemperatur, über einen möglichst großen Bereich zu haben, muß die Intensitätsverteilung an das Werkstück und die Vorschubgeschwindigkeit angepaßt werden. Dies wurde bereits in einer anderen Arbeit berechnet [15]. Dort wurde durch eine Simulationsrechnung ein optimales Strahlprofil zum effizienten Laserhärten ermittelt, bei dem die Oberflächentemperatur im bestrahlten Bereich nahezu konstant knapp unter Schmelztemperatur gehalten wird. Das berechnete Strahlprofil ist abhängig von der Vorschubgeschwindigkeit und sieht z.B. bei einer Vorschubgeschwindigkeit von 10 mm/sec wie in Bild 26 dargestellt aus. Am Beginn der

Intensitätsverteilung ist ein Maximum, das die Oberflächentemperatur sehr schnell auf einen hohen Wert ansteigen läßt. Anschließend muß dieser Wert gehalten werden; dazu wird eine geringere Intensität benötigt. Mit diesem Strahlprofil sind nach der Rechnung bei gleicher mittlerer Leistung größere Randhärtetiefen erreichbar, bzw. es wird weniger Laserleistung pro umgewandeltem Volumen benötigt.

4.2.5 Entwicklung eines Programmes zur Simulation des Laserhärtevorganges

Durch ein Simulationsprogramm zum Laserhärten kann das Ergebnis und der Einfluß einer Variation von Prozeßparametern vorausgesagt werden. Dies ist besonders bei einem flexiblen Strahlformungssystem notwendig, da sich dort eine erhöhte Anzahl von Prozeßparametern ergibt. Bei komplexen Geometrien kann eine Aussage über die Machbarkeit einer Laserhärtung getroffen werden.

Die erwarteten Vorteile der aufgeführten Maßnahmen zur Optimierung sind in Tabelle 6 aufgelistet.

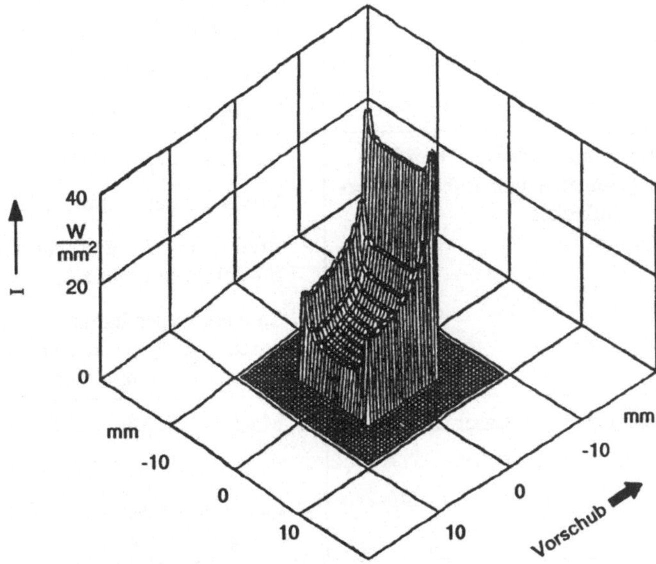

Bild 26   *Intensitätsverteilung für effizientes Laserhärten (v=10mm/s, 10mmx10mm Strahlabmessung) [15].*

Maßnahme	erwarteter Vorteil
neue Laserstrahlquellen mit kürzeren Wellenlängen als CO_2-Laser	- Absorptionserhöhung - einfachere Strahlführung (Glasfaser) - einfachere Adaption an bereits vorhandene Anlagen (durch Glasfaser) - Wegfall von Arbeitsschritten zur Erzeugung von Absorptionsschichten - Wegfall von Arbeitsschritten zur Entfernung von Schichtüberresten
Anwendung des "Brewster-Effektes"	- Absorptionserhöhung - Wegfall von Arbeitsschritten zur Absorptionsschichterzeugung - Wegfall von Arbeitsschritten zur Entfernung von Schichtüberresten
Entwicklung einer Temperaturregelung	- Einhalten einer hohen Oberflächentemperatur für höhere Prozeßgeschwindigkeit - bessere Automatisierbarkeit des Verfahrens - Reduzierung von Experimenten bei komplexen Teilegeometrien - Qualitätskontrolle - Qualitätsverbesserung
flexible Strahlformung zur schnellen Veränderung der Geometrie und Intensitätsverteilung des Brennfleckes	- Erhöhung der Verfahrensflexibilität - Erhöhung der Automatisierbarkeit - Entfall von Umrüstzeiten auf andere Strahlformungsoptiken - Steigerung des härtbaren Volumens durch Einhalten einer gleichmäßigen Oberflächentemperatur
Simulationsprogramm zur Laserhärtung	- Machbarkeitsabschätzungen - Reduzierung von Experimenten - Optimierung des flexiblen Strahlformungssystemes

Tabelle 6   *Erwartete Vorteile der geplanten Optimierungsmaßnahmen.*

5 Kontrollierte Absorption durch Anwendung verschiedener Laser und Absorptionserhöhung durch Schrägeinfall

5.1 Absorptionsmessungen

5.1.1 Versuchsdurchführung und Auswertung

Zur quantitativen Bestimmung der Absorption von Laserstrahlung auf Stahloberflächen wurden kalorimetrische Absorptionsmessungen durchgeführt. Dabei wird die Oberfläche einer Materialprobe eine bestimmte Zeitspanne t_L mit Laserstrahlung der Leistung P_L beaufschlagt. Während und nach der Bestrahlung protokolliert ein an der Probe angebrachter Thermowiderstand die mittlere Probentemperatur auf einem x-t Schreiber mit. Aus dem Temperaturverlauf in Abhängigkeit der Zeit läßt sich die Absorption nach einer Rückextrapolationsmethode ermitteln [62]. Dabei wird angenommen, daß die Energie instantan bei halber Bestrahlzeit ($t_L/2$) in die Probe eingkoppelt wird und sofort zu einer Temperaturerhöhung führt. Durch Rückextrapolation der Abkühlkurve auf einen imaginären Temperaturwert werden so die Einflüße der Abkühlung während der Bestrahlung berücksichtigt (Bild 27). Bei der Auswertung wird die Temperatur T_0 vor Einschalten des Lasers, die extrapolierte Temperatur T_{EXTR} und die Summe der Massen multipliziert mit den Wärmekapazitäten der verschiedenen

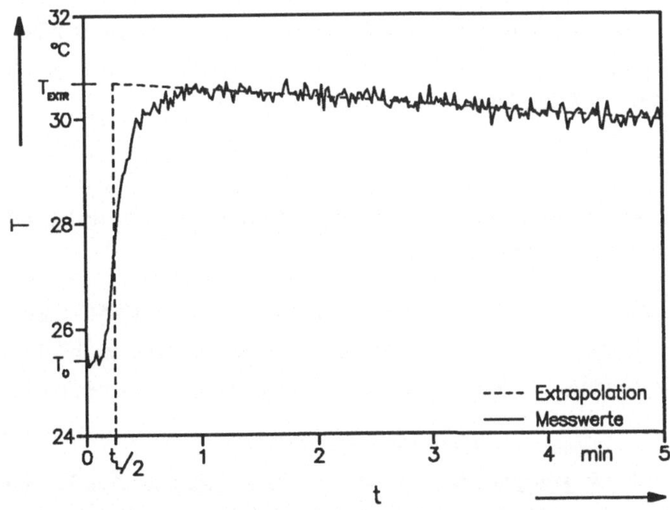

Bild 27   *Prinzip der Rückextrapolationsmethode am Beispiel einer Absorptionsmesskurve.*

Bestandteile der Probe mit Halterung benötigt. Dann läßt sich die Absorption α wie folgt berechnen:

$$\alpha = \frac{(T_{extr}-T_0)\cdot\sum m_i\cdot c_i}{P_L\cdot t_L} \tag{33}$$

Bei den Experimenten wurden zwei unterschiedliche Aufbauten verwendet, einer für Absorptionsmessungen bei geringen Leistungen und der zweite für hohe Leistungen.

Bei geringen Leistungen bestanden die Proben aus einem Vergütungsstahl mit niedrigem Kohlenstoffgehalt (C45) und hatten eine Größe von 80 mm x 10 mm x 10 mm. Die Oberfläche war mechanisch poliert worden. An der Rückseite der Proben war ein Thermowiderstand vom Typ PT100 mit Wärmeleitungspaste in einer Bohrung angebracht. Die Proben wurden unter verschiedenen Einfallswinkeln mit linear polarisierter Laserstrahlung geringer Leistung (< 60 W) bestrahlt. Dabei wurde die Polarisationsrichtung so gewählt, daß sie in der Einfallsebene des Laserstrahles lag. Die Probentemperatur blieb während der Messungen im Bereich der Raumtemperatur [63,64].

Bei hohen Leistungen wurde mit beschichteten Proben aus St37 gearbeitet. Es wurde ein CO_2-Laser mit Leistungen bis zu 5 kW benutzt. Der Laserstrahl wurde durch einen Kaleidoskopintegrator rechteckig geformt. Um bei diesen Versuchen das Absorptionsverhalten bei realen Härtungen zu simulieren, wurde der Strahl bei der Messung über die Probe geführt. Die Messungen wurden mit verschiedenen Laserleistungen und verschiedenen Vorschubgeschwindigkeiten durchgeführt. Die Bestrahlzeit ergab sich aus der Vorschubgeschwindigkeit und der Probenlänge [68]. Die Laserleistung und der Vorschub wurden so gewählt, daß an der Probenoberfläche die Schmelztemperatur nicht erreicht wurde.

5.1.2 Absorption von unbeschichteten Stahloberflächen bei verschiedenen Wellenlängen und geringen Leistungen

An unbeschichteten Proben wurden Versuche mit CO_2, CO und Nd:YAG-Lasern bei geringen Leistungen durchgeführt. Das Ergebnis der Absorptionsmessungen ist in Bild 28 dargestellt und wurde mit theoretischen Werten von Eisen aus Quelle 36 verglichen (siehe auch Kapitel 2.3.2).

Die Ergebnisse der Messungen stimmen sehr gut mit den theoretischen Werten überein. Bei senkrechtem Einfall wird die Strahlung von Nd:Yag- und CO-Lasern besser absorbiert als von CO_2-Lasern. Bei allen Wellenlängen ist durch Schrägeinfall mit linear polarisiertem

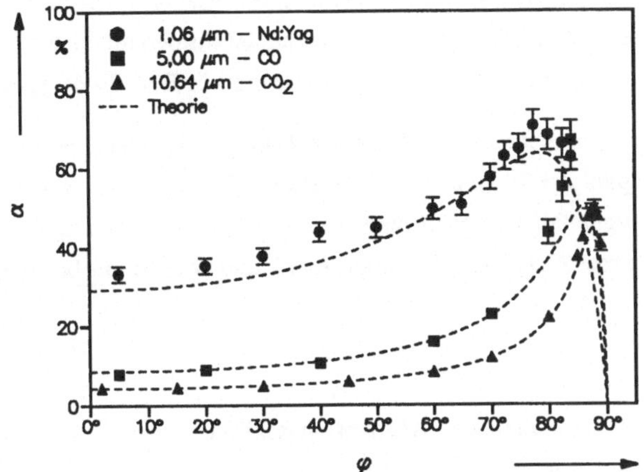

Bild 28   *Absorption von unbeschichtetem Stahl in Abhängigkeit des Einfallswinkels (C45, Raumtemperatur, polierte Oberfläche).*

Laserstrahl eine Steigerung der Absorption möglich, wobei bei kürzeren Wellenlängen das Absorptionsmaximum sich zu kleineren Winkeln hin verschiebt und die Unterschiede zwischen der Absorption bei senkrechtem Einfall und beim Brewster-Winkel kleiner werden.

5.1.3 Absorption von graphitbeschichteten Proben bei CO_2-Laserstrahlung und geringen Leistungen

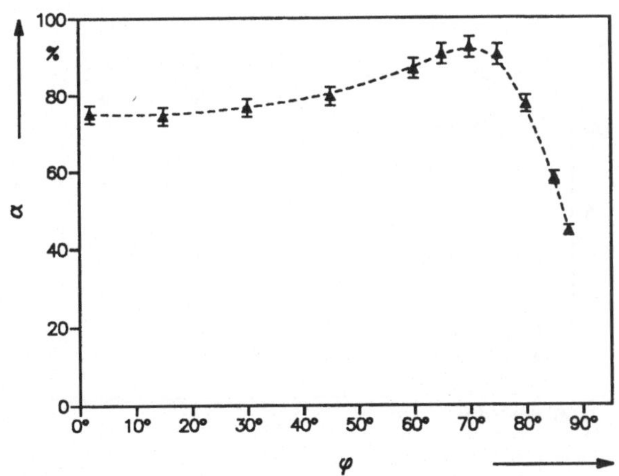

Bild 29   *Absorption von Stahl mit Graphitschicht in Abhängigkeit des Einfallswinkels (Laserleistung: 10W, 25°C, linear polarisierter Strahl).*

Die polierten Proben für die Absorptionsmessung mit geringen Leistungen wurden manuell mit Sprühgraphit behandelt. Die Absorptionsmessungen wurden mit einem CO_2-Laser geringer Leistung (10 W) durchgeführt. Die Meßergebnisse sind in Bild 29 dargestellt.

Die Absorption bei senkrechtem Einfall ist sehr hoch (75%), wie auch von anderen Autoren bestätigt (siehe Kapitel 2.3.3). Auch bei dieser Beschichtung ist eine zusätzliche Absorptionserhöhung bei Schrägeinfall zu beobachten. Die Absorptionssteigerung durch Schrägstellung beträgt jedoch maximal 23%. Das Absorptionsmaximum liegt bereits bei einem Einfallswinkel von 70°.

5.1.4 Absorption verschiedener Absorptionsschichten bei CO_2-Laserstrahlung und hohen Leistungen

Die Stahlproben wurden vor der Bestrahlung mit Graphit, schwarzem Lack oder einer Zinkphosphatschicht vorbeschichtet. Die Beschichtung mit Graphit und Lack erfolgte manuell, die Zinkphosphatschicht wurde durch eine vorhergehende Wärmebehandlung erzeugt.

Bei hohen Leistungen geht ein Teil der absorbierten Energie in Form von Wärmestrahlung und Beschichtungsabbrand wieder verloren und wird darum bei einem kalorimetrischen Meßverfahren nicht erfaßt. Das Meßverfahren berücksichtigt nur die im Material verbleibende

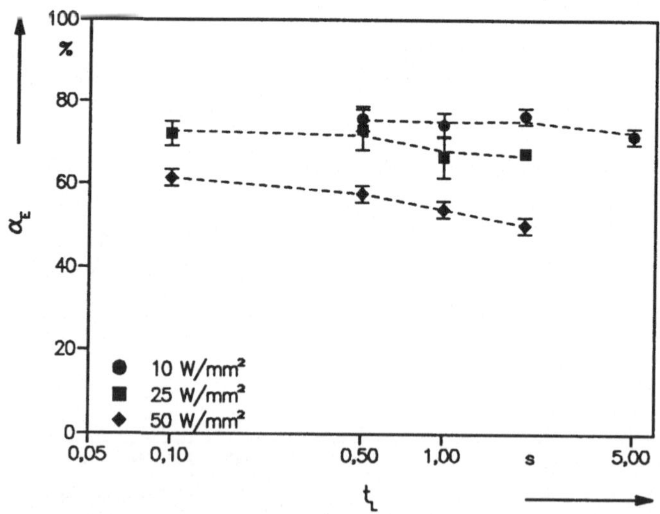

Bild 30　　*Abhängigkeit des Einkoppelgrades α_E von der Intensität und der Wechselwirkungszeit t_L bei Graphitbeschichtung.*

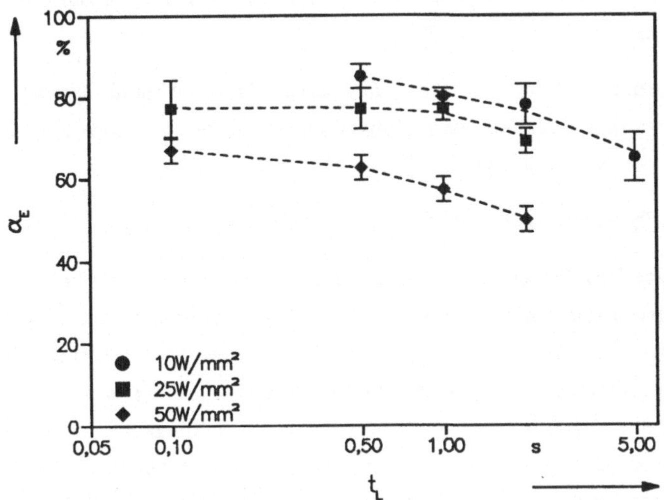

Bild 31 Abhängigkeit des Einkoppelgrades α_E von der Intensität und der Wechselwirkungszeit t_L bei Beschichtung mit Auspufflack.

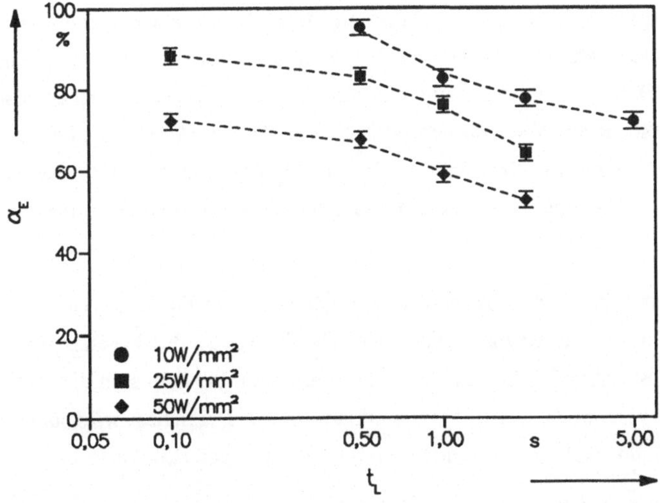

Bild 32 Abhängigkeit des Einkoppelgrades α_E von der Intensität und der Wechselwirkungszeit t_L bei Zinkphosphatbeschichtung.

Wärmemenge. Darum wird der in diesen Versuchen ermittelte Absorptionswert mit der Bezeichnung Einkoppelgrad α_E versehen.

Die Verluste durch Wärmestrahlung und Beschichtungsabbrand stehen auch für den Umwandlungsprozeß nicht zur Verfügung. Deshalb ist der Einkoppelgrad in diesem Fall relevanter als der Absorptionsgrad.

Die erzielten Ergebnisse sind in Bild 30 bis Bild 32 dargestellt.

Bei allen untersuchten Schichten ist eine Abnahme des Einkoppelgrades bei hohen Intensitäten und langen Verweilzeiten zu beobachten. Der Grad der Abnahme ist aber bei den verschiedenen untersuchten Beschichtungen unterschiedlich. So zeigt zum Beispiel die Phosphatschicht hohe Einkoppelgrade bei geringen Leistungen, diese nehmen aber sehr schnell mit höherer Haltezeit ab. Bei Graphitschichten bleibt die Absoption hingegen bei gleicher Intensität annähernd unabhängig von der Bestrahlzeit. Aufgrund dieses aus den Abbildungen ersichtlichen Verhaltens der verschiedenen Schichten wurde bei weiteren Versuchen mit CO_2-Lasern und senkrechtem Einfall Graphit als Beschichtungsmaterial ausgewählt, da diese Beschichtung im Vergleich zu Zinkphosphat das günstigste Abbrandverhalten während der Bearbeitung zeigt und im Vergleich zu Auspufflack höhere Absorptionswerte liefert, sowie besser wieder zu entfernen ist.

5.2 Überlegungen zum Härten unter Schrägeinfall

Um die Absorptionserhöhung durch "Brewster-Effekt" auszunützen, muß das Werkstück so unter dem Laserstrahl positioniert werden, daß der Einfallswinkel möglichst groß wird. Aufgrund der Divergenz eines Laserstrahls tritt dabei eine Verzerrung der Intensitätsverteilung auf dem Werkstück auf, die von der Position des Werkstückes in Bezug auf die Strahlformungsoptik abhängig ist. Bei einer einfachen Abbildungsoptik, wie einer fokussierenden Linsen- oder Spiegeloptik, können hierbei generell zwei Bereiche unterschieden werden (Bild 33):

-   Die bestrahlte Werkstückoberfläche befindet sich im Fokus der Optik und die gesamte bestrahlte Fläche ist innerhalb der Rayleighlänge z_R des Laserstrahls. Die Rayleigh-Länge ist dabei der Abstand von der Strahltaille, bei dem sich die Strahlquerschnittsfläche verdoppelt hat [65]. Innerhalb dieses Bereiches wird ein runder Strahlquerschnitt oval, bzw. ein quadratischer Strahl rechteckig verformt.

-   Das Werkstück befindet sich außerhalb der Rayleighlänge des Laserstrahls. Die bestrahlte Fläche wird oval und die Intensitätsverteilung im Strahl wird verzerrt. Je

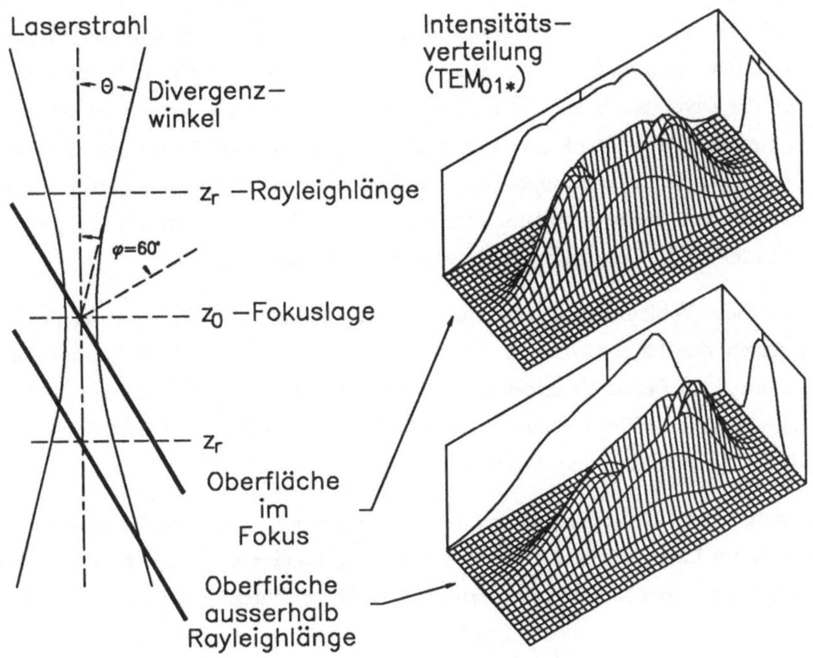

Bild 33 *Verzerrung der Intensitätsverteilung eines TEM$_{01*}$ Lasermodes, der unter 60° Einfallswinkel auf eine Werkstückoberfläche fällt.*

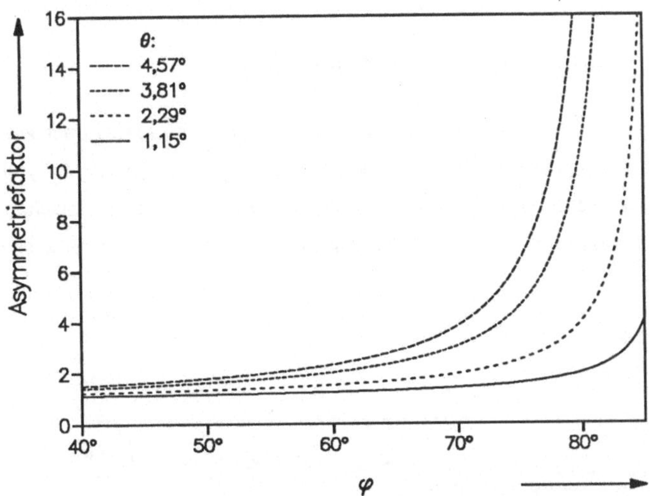

Bild 34 *Abhängigkeit der Intensitätsverzerrung (Asymmetriefaktor) eines uniformen, quadratischen Laserstrahls von der Strahldivergenz θ und dem Einfallswinkel φ.*

nachdem, ob sich der Schnittpunkt zwischen optischer Strahlachse und Werkstückoberfläche oberhalb oder unterhalb des Fokuspunktes befindet, entsteht ein Maximum an
der unteren oder an der oberen Strahlkante [12]. Die relative Größe des Maximums ist
von der Divergenz θ des Laserstrahls abhängig. Dies kann durch einen Asymmetriefaktor beschrieben werden, der das Verhältnis der Intensitätsänderungen der oberen zu
der unteren Strahlkante angibt (Bild 34). Bei einem uniformen Strahlprofil, wie es zum
Beispiel von einem Integrator erzeugt wird, ist das das Verhältnis der größten zur
kleinsten in der bestrahlten Fläche auftretenden Intensität.

Ein zusätzliches Problem beim Härten unter hohen Einfallswinkeln kann die Positionier-
empfindlichkeit des Laserstrahles in dieser Anordnung darstellen. Eine Verschiebung der
Strahllage um einen Betrag dx in der Einfallsebene bei dem Einfallswinkel φ führt zu einer
Abweichung des Auftreffpunktes um $dx \cdot cos^{-1}\varphi$. Dies ist z.B. bei 70° Einfallswinkel nahezu
das Dreifache der Strahllageverschiebung.

Aus den dargelegten Überlegungen und Abschätzungen ergibt sich, daß zum Härten unter
Schrägeinfall ein Laser und eine Optik sinnvoll sind, die eine möglichst geringe Divergenz
erzeugen, bzw. zu einer möglichst großen Rayleighlänge führen. Dies wird von langbrennweitigen Fokussierungsoptiken bzw. Laserresonatoren geringer Fresnelzahl erfüllt.

Ferner kann bei Verwendung kürzerer Wellenlängen ein geringerer Einfallswinkel gewählt
werden, da daß Maximum der Absorption sich zu kürzeren Einfallswinkeln hin verschiebt.

5.3   Versuchsauswertung von Härtespuren

Nach dem Härten wird von den Härtespuren in der Regel ein Schliff quer zur Vorschubrich-
tung (Querschliff) angefertigt, der mit einer schwachen Säure (Nital: Äthylalkohol + 2-3%
Salpetersäure) angeätzt wird, um die Gefügestruktur sichtbar zu machen. Aus diesem
Querschliff wird unter einem Auflichtmikroskop die Umwandlungszone ausgemessen. Diese

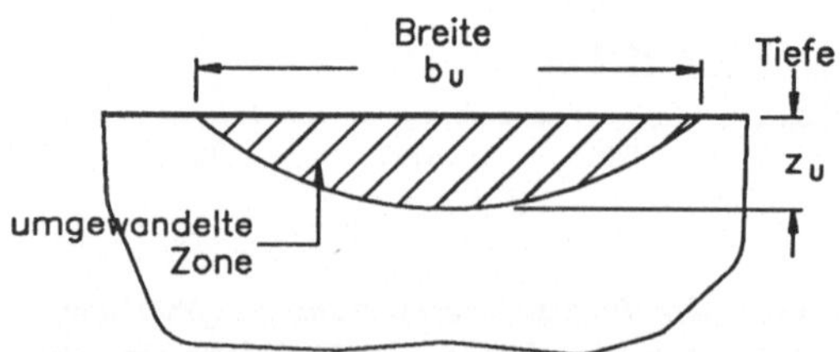

Bild 35   *Mit dem Metallographiemikroskop ermittelte Maßangaben bei einer Härtespur.*

Zone ist in der Regel sehr deutlich ausgeprägt und kennzeichnet den Bereich, innerhalb dessen die Austenitbildungstemperatur bei der Erwärmung überschritten worden war. Es wird die maximal erreichte Tiefe z_U und Breite b_U der Zone bestimmt (Bild 35).

Mit Hilfe eines Härteprüfgerätes wird aus dem Querschliff der Härteverlauf in die Tiefe an der Stelle der tiefsten Gefügeumwandlung gemessen. Die erreichte Randhärtetiefe (Rht) wird aus diesem Verlauf als die Tiefe bestimmt, bei der noch eine Härte von 550 HV erreicht wird. Die erreichte Randhärtetiefe ist kleiner als die Umwandlungstiefe z_U. Je nach Ausgangsgefüge ist der Unterschied verschieden groß. Bei grobkörnigem Gefüge ist der Unterschied größer als bei feinkörnigem Gefüge. Dies hängt mit der Gefüge- und Temperaturgradientabhängigkeit der Ac_1- und Ac_3-Temperaturen zusammen.

Bei Spuren mit linsenförmigem Aussehen kann die Querschnittsfläche der Umwandlungszone A_Q näherungsweise aus der Tiefe z_U und der Breite b_U bestimmt werden. Dabei wird angenommen, daß dafür die Gleichung für die Fläche eines Kreisabschnitts angesetzt werden kann [66]:

$$A_Q = \frac{z_U}{6\,b_U}\,(3z_U^2 + 4b_U^2) \tag{34}$$

Mit der Fläche der Umwandlungszone A_Q, der Laserleistung P_L und der Vorschubgeschwindigkeit v läßt sich die pro umgewandeltem Volumen benötigte spezifische Energie η_U bestimmen:

$$\eta_U = \frac{P_L}{A_Q \cdot v} \tag{35}$$

Damit läßt sich eine Aussage über die Effizienz der Härtung treffen. Je geringer die spezifische Energie ist, umso effizienter ist das Verfahren.

5.4 Härteversuche mit CO_2-Laser und senkrechtem Einfall

5.4.1 Versuchsbeschreibung

Mit einer Facetten-Integratoroptik wurden Härteversuche bei senkrechtem Einfall und beschichteter Oberfläche durchgeführt. Der dabei verwendete Laser war ein CO_2-Laser mit einer maximalen Ausgangsleistung von 5 kW. Der Laser arbeitete in einem TEM_{01*}- ähnlichen Mode, und der Strahl war linear polarisiert.

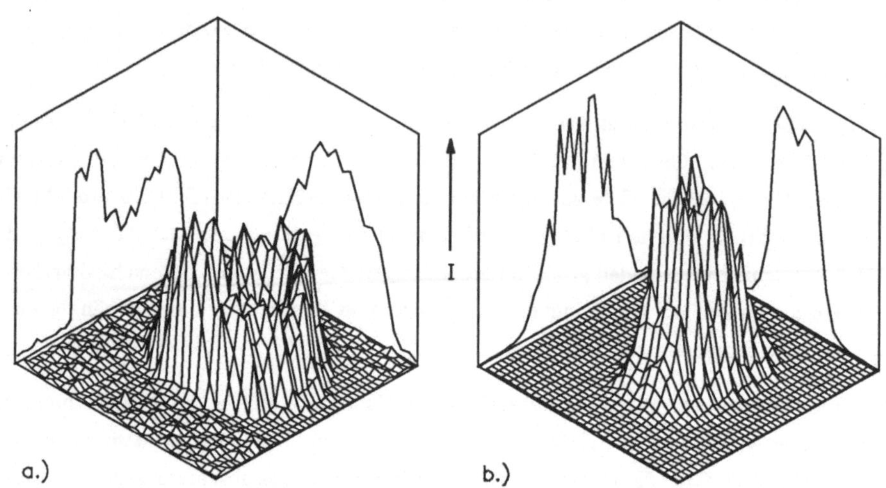

Bild 36   *Intensitätsverteilung des Rohstrahles (a.) und des von der Facettenintegratoroptik geformten Strahles (b.) des CO_2-Lasers.*

Die Facettenoptik erzeugte einen Brennfleck von ca. 10 mm x 7 mm. Die Intensitätsverteilung des geformten Strahles auf der Oberfläche wurde mit Hilfe eines Strahlanalysegerätes gemessen und ist zusammen mit der des ungeformten Laserstrahles in Bild 36 dargestellt.

Bei den Experimenten wurden zwei verschiedene Oberflächenbeschichtungen zur Absorptionssteigerung verwendet. Die eine Schicht bestand aus Graphit, das manuell auf die gefräste und gereinigte Metalloberfläche aufgesprüht wurde. Als zweite Absorptionsschicht wurde eine Metalloxidschicht (Zunderschicht) benutzt, die durch einen dem Laserhärtevorgang vorangegangenen Vergütungsprozeß auf der Oberfläche entstanden war.

Die Versuche wurden mit verschiedenen Laserleistungen bei zwei Vorschubgeschwindigkeiten durchgeführt. Der geformte Laserstrahl wurde bei einem Teil der Versuche so ausgerichtet, daß seine schmale Seite parallel zur Vorschubrichtung lag ("quer") und bei den anderen Versuchen so, daß die längere Seite parallel zur Vorschubrichtung ausgerichtet wurde ("längs").

Bei der Versuchsdurchführung wurde ein Abbrennen der Graphitschicht beobachtet, was teilweise dazu führte, daß sich nach dem Härten kein Graphit mehr auf der Härtespur befand. Bei der Oxidschicht wurde kein Abbrand beobachtet.

5.4.2 Versuchsergebnisse

Die Ergebnisse der Versuche sind in Bild 37 bis Bild 39 jeweils für die Versuchsreihen mit der Strahlausrichtung "längs" und "quer" dargestellt. Es wurden nur Versuche ausgewertet, bei denen die Schmelztemperatur an der Oberfläche nicht überschritten wurde.

Es wurden Randhärtetiefen bis zu 1,1 mm erreicht. Die erzielte Randhärtetiefe ist abhängig von der Vorschubgeschwindigkeit, der Laserleistung und der Ausrichtung des Brennfleckes. Mit der Oxidschicht wurden bei gleicher Leistung nahezu immer größere Härtetiefen erreicht, als mit der Graphitschicht. Auch wird eine geringere Energie pro umgewandeltem Volumen benötigt. Der Unterschied in den Ergebnissen der verschiedenen Beschichtungen ist bei den Versuchen mit quer zur Vorschubrichtung ausgerichtetem Brennfleck größer, als bei längs dazu ausgerichtetem.

Das Verhalten ist mit einer höheren Absorption der Oxidschicht erklärbar, sowie damit, daß bei einer langen Bestrahldauer die Graphitschicht abbrennt.

Bei einem Vergleich der Ergebnisse der beiden Brennfleckausrichtungen kann beobachtet werden, daß mit der Ausrichtung längs zur Vorschubrichtung bereits bei geringeren Leistungen höhere Härtetiefen erreichbar sind, als mit der Ausrichtung quer dazu, dies allerdings bei geringeren Spurbreiten. Das ist durch eine längere Bestrahlzeit durch den 'längeren' Strahl zu erklären, wodurch bei gleicher Leistung und Vorschubgeschwindigkeit höhere Temperaturen erreicht werden. Die maximal erreichten Härtetiefen liegen bei beiden Versuchsreihen etwa gleich. Bei der Betrachtung der Energieausnutzung wird festgestellt, daß bei der Ausrichtung quer zur Vorschubrichtung die geringsten Energien pro umgewandeltem Volumen benötigt werden. Dies ist damit zu erklären, daß bei dieser Ausrichtung weniger Energie durch seitliche Wärmeableitung verloren geht.

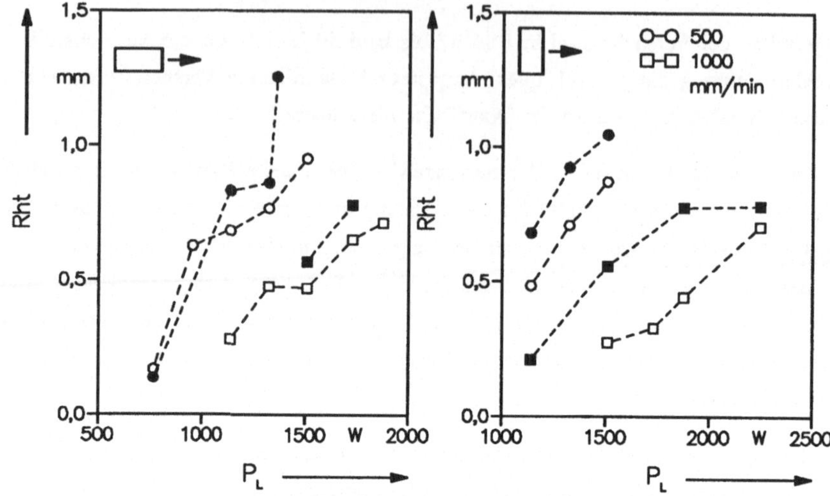

Bild 37   *Erzielte Randhärtetiefen bei Härteversuchen mit CO_2-Laser und Integratoroptik*
                 (O☐ Graphitschicht, ●■ Oxidschicht).

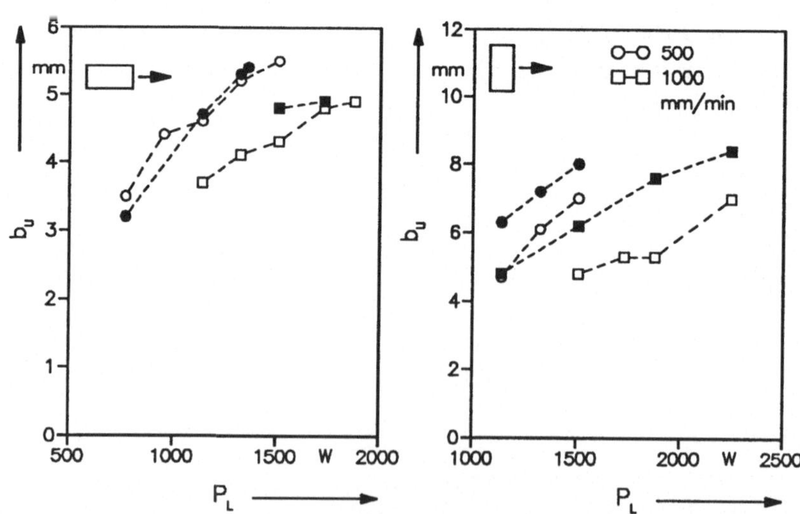

Bild 38   *Erzielte Spurbreiten bei Härteversuchen mit CO_2-Laser und Integratoroptik*
                 (O☐ Graphitschicht, ●■ Oxidschicht).

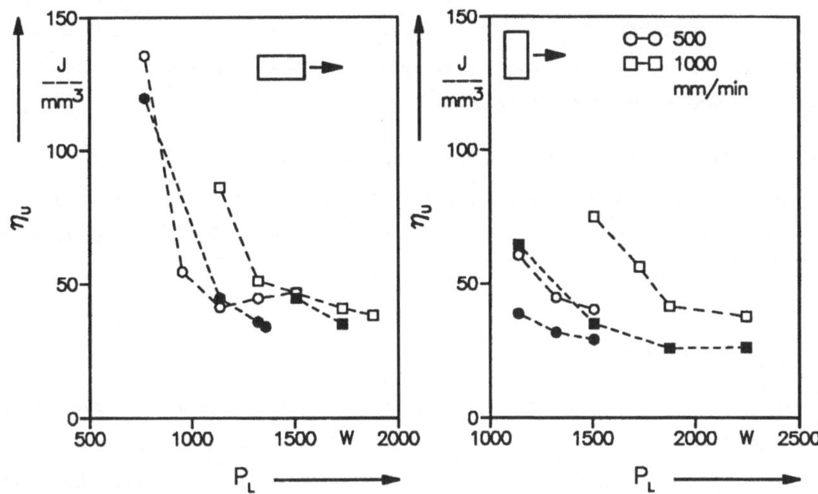

Bild 39   *Benötigte Energie pro umgewandeltem Volumen bei Härteversuchen mit CO_2-Laser und Integratoroptik (O□ Graphitschicht, ●■ Oxidschicht).*

5.5   Experimente mit CO_2-Lasern und Schrägeinfall

5.5.1   Versuchsbeschreibung

Um den Effekt der Absorptionserhöhung durch "Brewster-Effekt" bei CO_2-Lasern zu untersuchen, wurde mit einer fokussierenden Toroid-Spiegeloptik zur Strahlformung gearbeitet.

Der linear polarisierte Laserstrahl eines CO_2-Lasers mit 5 kW maximaler Leistung wurde durch die Optik mit einer Brennweite von 1 m fokussiert und unter verschiedenen Einfallswinkeln auf die Oberfläche eines perlitischen Stahles (C45) eingestrahlt. Die Vorschubrichtung und Einfallsebene wurden so gewählt, daß maximale Absorption durch "Brewster-Effekt" auftreten konnte, indem die Polarisationsrichtung parallel zur Einfallebene und senkrecht zur Vorschubrichtung gewählt wurde. Die Versuche wurden mit 75° Einfallswinkel durchgeführt, da dieser Winkel bereits eine Absorptionssteigerung gegenüber senkrechtem Einfall verspricht, und der Laserstrahl bei diesem Einfallswinkel noch mit geringem Aufwand positionierbar ist. Der Fokuspunkt der Optik wurde auf die Oberfläche des Werkstückes positioniert. Die Intensitätsverteilung im Fokus der Optik und der Verlauf des Strahldurchmessers in Abhängigkeit der Position relativ zum Fokus (z_{REL}) ist in Bild 40 dargestellt. Aufgrund der großen Rayleighlänge dieser Optik befand sich die ganze bestrahlte Zone innerhalb eines Bereiches annähernd gleichen Strahldurchmessers von ca. 2,8 mm.

Die Versuche wurden mit unbeschichteten, gereinigten Oberflächen und mit graphitbeschichteten Oberflächen durchgeführt. Bei den Versuchen mit unbeschichteten Oberflächen wurde sowohl mit als auch ohne Schutzgas (Inertgas) gearbeitet. Als Schutzgase kamen dabei Stickstoff (N_2) und Argon (Ar) zum Einsatz.

Bei den Versuchen wurde zu jeder Vorschubgeschwindigkeit die maximal mögliche Laserleistung ermittelt. Dazu wurde diese so lange variiert, bis der Punkt gefunden wurde, bei dem gerade noch keine Anschmelzung der Oberfläche auftrat. Diese Proben wurden ausgewertet.

5.5.2   Versuchsergebnisse

Die in Abhängigkeit der Vorschubgeschwindigkeit maximal einkoppelbare Laserleistung ist in Bild 41 dargestellt. Die geringste Laserleistung wurde bei den graphitbeschichteten Proben benötigt, damit die Oberflächentemperatur knapp unter der Schmelztemperatur blieb. Um etwa den Faktor 2 mehr Leistung war bei den unbeschichteten Proben ohne Schutzgas erforderlich und bei den Versuchen mit gleichzeitiger Schutzgaszufuhr mußte etwa die 3- bis 4-fache Laserleistung eingesetzt werden um das gleiche Resultat zu erzielen.

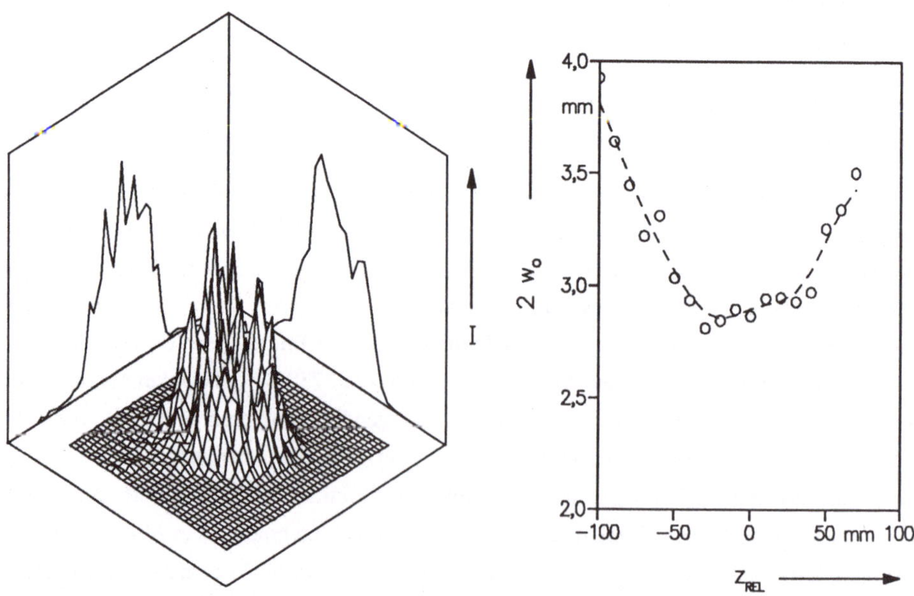

Bild 40   *Intensitätsverteilung des CO_2-Lasers im Fokus der Toroid-Spiegeloptik mit 1 m Brennweite und Verlauf des Strahldurchmessers in Abhängigkeit der relativen Position z_{REL}.*

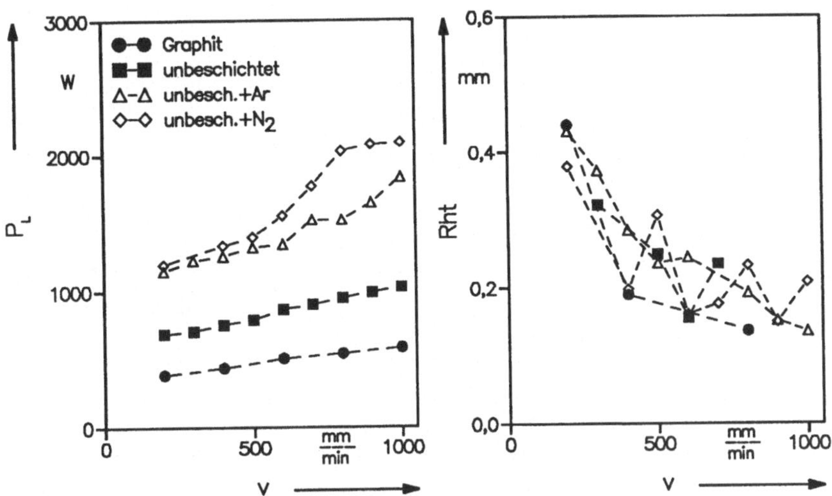

Bild 41   *Maximal einstrahlbare Laserleistung und erzielte Randhärtetiefen bei Versuchen mit Schrägeinfall (C45, 75° Einfallswinkel).*

Bei den unbeschichteten Proben, die ohne Schutzgas gehärtet wurden, wurde eine Oxidbildung an der Oberfläche beobachtet, die zu einer sprunghaften Erhöhung der Absorption führte, wodurch es in vielen Fällen während der Bearbeitung zum sofortigen Anschmelzen der Oberfläche kam. Kleine Unregelmäßigkeiten der Oberfläche konnten diesen Effekt ebenfalls auslösen. Dies ist beispielhaft für eine Laserspur in Bild 42 dargestellt. Bei den Härtungen auf graphitbeschichteten Proben war dieses Verhalten einer sprunghaften Absorptionssteigerung nicht zu beobachten, und bei den Härtungen mit Schutzgas konnte eine Oxidschichtbildung völlig unterdrückt werden.

Die erzielten Randhärtetiefen sind ebenfalls in Bild 41 dargestellt, die spezifische Umwandlungsenergie und Spurbreite wird in Bild 43 wiedergegeben. Ein Beispiel des Querschliffes einer Härtespur zeigt Bild 44.

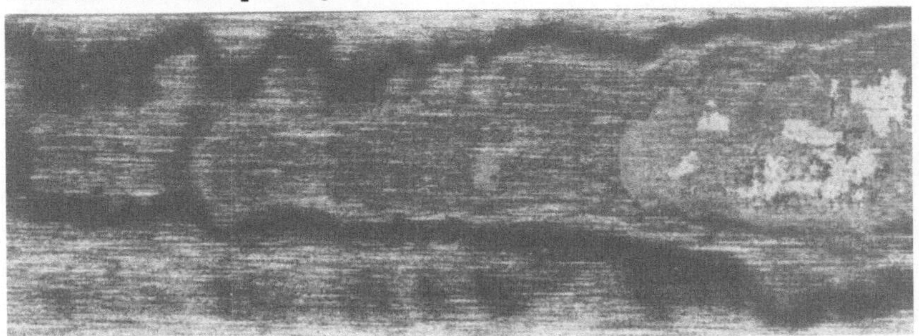

Bild 42   *Photographie einer Oberfläche mit Oxidbildung und Anschmelzung.*

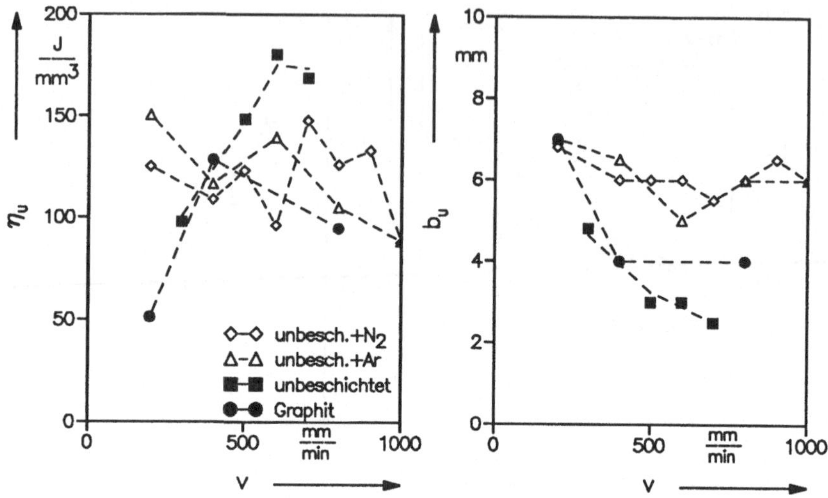

Bild 43   *Benötigte spezifische Umwandlungsenergie und erzielte Spurbreiten bei Versuchen mit Schrägeinfall (C45, 75° Einfallswinkel).*

Die erzielten Härtespuren zeigten keine Asymetrien in der Einhärtetiefe. Die maximal erreichbaren Randhärtetiefen bei den verschiedenen Oberflächen liegen alle im gleichen Bereich. Es wurde bei den verwendeten Geschwindigkeiten eine maximale Tiefe von ca. 0,5 mm erreicht. Dies ist durch die Breite des Laserbrennfleckes in Vorschubrichtung zu erklären. Sie beträgt aufgrund der Strahlbreite im Fokus der verwendeten Optik 2,8 mm. Darum muß die Vorschubgeschwindigkeit auf sehr geringe Werte heruntergesetzt werden, um tiefere Randhärtungen zu erzielen.

Bei den Versuchen mit Graphitbeschichtung ist eine deutliche Abnahme der Spurbreite in Abhängigkeit der Vorschubgeschwindigkeit zu beobachten. Bei den Versuchen ohne Beschichtung und ohne Schutzgas ist die Abnahme geringer, es werden aber insgesamt die

Bild 44   *Querschliff durch eine Härtespur.*

Spuren mit der geringsten Breite erreicht. Bei den Versuchen mit Schutzgas sind die Spuren am breitesten und die prozentuale Abnahme der Spurbreite am geringsten. Dies wirkt sich direkt in der spezifischen Umwandlungsenergie aus. Nur bei den langsamsten Härtungen zeigen die Versuche mit Graphitbeschichtung und ohne Schutzgas eine bessere Energieausbeute als die oxidfreien Proben. Ansonsten ist der Energieeinsatz ähnlich oder höher. Eine Erklärung hierfür ist die dynamische Änderung der Absorption an der Oberfläche in Abhängigkeit der Intensität bei Graphitbeschichtung und bei Härtungen ohne Schutzgas.

Im Falle der Härtung ohne Schutzgas kommt es in der Spurmitte zur Bildung von dickeren Oxidschichten, da hier aufgrund der höheren Intensitäten (vgl. Bild 33) die höchsten Oberflächentemperaturen vorliegen. Dadurch wird die Absorption in diesem Bereich gegenüber den Randbereichen in Abhängigkeit der Vorschubgeschwindigkeit schneller erhöht. Die maximal einkoppelbare Leistung muß auf diesen Bereich hin angepasst werden. In den Randbereichen wird weniger absorbiert, so daß nahezu keine Härtung geschehen kann.

Im Falle der Graphitbeschichtung wird beobachtet, daß in der Spurmitte, bei den höchsten Intensitäten, die Graphitbeschichtung mit einem hellen Leuchten verbrennt, was nach der Härtung durch eine nahezu vollständig abgebrannte Schicht an der Oberfläche sichtbar ist. Im Randbereich ist bei hohen Vorschubgeschwindigkeiten nur eine geringfügige Beeinträchtigung erkennbar. Dies führt zu der Schlußfolgerung, daß in diesem Fall durch das Verbrennen der Graphitschicht eine etwas bessere Einkopplung der Leistung geschehen kann. Eine mögliche Erklärung hierfür ist, daß in den Randbereichen die Graphitschicht teilweise als Isolator wirkt, während erst eine etwas eingebrannte Schicht gute Wärmeleitung zum Grundmaterial bietet. Dies ist abhängig von der Schichtdicke, dadurch treten durch die manuell aufgetragenen Schichten Schwankungen durch ungleichmäßigen Schichtdicke auf.

In beiden Fällen ist die Spurbreitenänderung auf die schnellere Änderung der Absorption im Bereich der hohen Intensität zurückzuführen. Bei Härtungen ohne Beschichtung und ohne Oxidbildung ist die Absorption innerhalb des Brennfleckes annähernd gleichmäßig. Darum werden hier Spurbreiten erzielt, die in etwa der Breite des Brennfleckes entsprechen.

5.6 Experimente mit CO-Laser und senkrechtem Einfall

5.6.1 Versuchsbeschreibung

Mit der bereits bei den in Kapitel 5.4.1 beschriebenen Versuchen mit dem CO_2-Laser verwendeten Facetten-Integratoroptik wurden Härteversuche bei senkrechtem Einfall und beschichteter Oberfläche mit einem CO-Laser in Japan durchgeführt. Der zur Verfügung

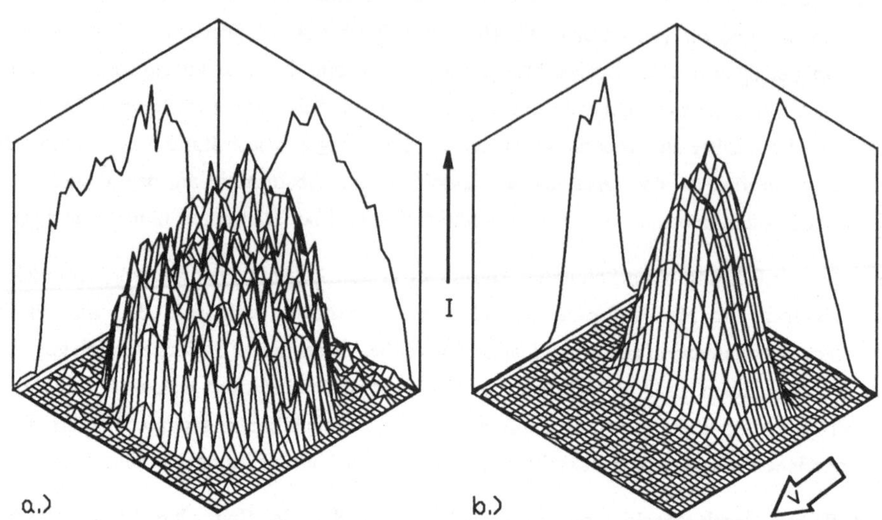

Bild 45   *Intensitätsverteilung des Rohstrahles (a.) und des von der Facettenintegrator-*
optik geformten Strahles (b.) des CO-Lasers, mit Angabe der Vorschubrichtung.

stehende Laser war ein gleichstromangeregter, quergeströmter Prototyp-CO-Laser mit zweistu-figer Kühlung, der von einer japanischen Firma entwickelt worden war. Die erste Kühlstufe bestand aus einem Freon-Wärmetauscher, die zweiter Stufe aus einer Kühleinheit mit flüssigem Stickstoff [21]. Das Lasergas wurde damit auf eine Temperatur von etwa 210 K gekühlt. Der verwendete stabile Resonator wurde durch eine Zusatzoption so verändert, daß der ausgekoppelte Laserstrahl linear polarisiert war. Damit stand für die Versuche eine maximale Leistung von 2 kW zur Verfügung. Der Laser arbeitet dabei in einem hohen Mul-timode. Die Intensitätsverteilung des Rohstrahles und des vom Integrator geformten Strahles sind in Bild 45 dargestellt. Der Integrator erzeugt bei diesem Laser ein rechteckiges Strahlprofil von etwa 6 mm x 10 mm. Die Vorschubrichtung wurde parallel zur kürzeren Brennfleckseite gelegt.

Es wurden die gleichen zwei Oberflächenvorbehandlungen zur Absorptionssteigerung, eine Graphitschicht und eine Metalloxidschicht, bei diesen Experimenten verwendet wie bei den entsprechenden Versuchen mit dem CO_2-Laser.

Die Untersuchungen wurden bei festgehaltener Laserleistung und verschiedenen Vorschub-geschwindigkeiten durchgeführt.

5.6.2 Versuchsergebnisse

Die erzielten Tiefen und Breiten der Umwandlungszonen sind in Bild 46 dargestellt. Die Tiefe z_U und Breite b_U nehmen bei festgehaltener Laserleistung in Abhängigkeit der Vorschubgeschwindigkeit ab. Es sind zwischen den beiden Oberflächenbeschichtungen nur geringe Unterschiede feststellbar. Die Oxidschicht ergibt meist die etwas besseren Resultate. Im Bereich der maximal erreichten Tiefen bzw. Breiten werden mit beiden Beschichtungen die gleichen Ergebnisse erzielt.

Ein ähnliches Bild ergibt sich, wenn die damit zusammenhängenden Randhärtetiefen (Rht) und die dafür benötigte spezifische Umwandlungsenergien (η_U) betrachtet werden (Bild 47). Bei der erzielten Randhärtetiefe ist der Unterschied der beiden Beschichtungen etwas deutlicher als bei der Tiefe z_U, während bei den spezifischen Energien nahezu kein signifikanter Unterschied feststellbar ist. Die geringsten spezifischen Energien für eine Gefügeumwandlung werden dabei in allen Fällen bei den Spuren mit den tiefsten Härtungen erreicht. Die Zunahme der benötigten Energie bei höheren Geschwindigkeiten wird wesentlich durch die Abnahme der Spurbreite bestimmt. Diese ist zu einem großen Teil auf die Gradienten an den Flanken des geformten Intensitätsprofiles zurückzuführen.

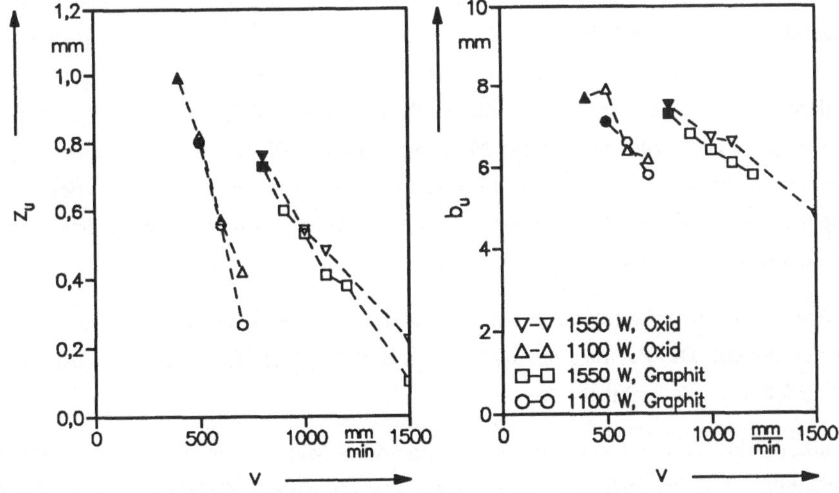

Bild 46 Tiefe und Breite der Härtespuren mit CO-Laser und Integratoroptik (O keine Oberflächenanschmelzung, ● Oberflächenanschmelzung).

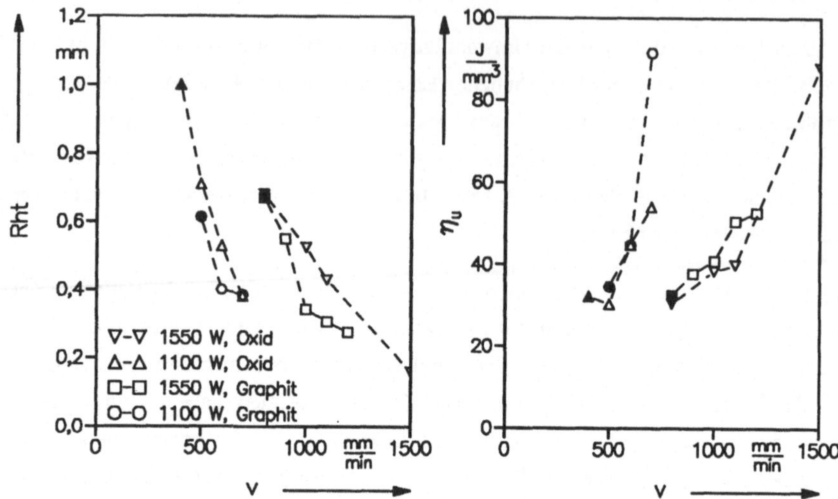

Bild 47   *Randhärtetiefe und spezifische Energie beim Härten mit CO-Laser und Integratoroptik (O keine Oberflächenanschmelzung, ● Oberflächenanschmelzung).*

5.7   Härteversuche mit CO-Laser und Schrägeinfall

5.7.1   Versuchsbeschreibung

Die Härteversuche mit höheren Einfallswinkeln wurden an geschliffenen Probenoberflächen durchgeführt. Der Laserstrahl wurde durch eine Spiegeloptik mit 300 mm Brennweite fokussiert und unter verschiedenen Einfallswinkeln auf die Oberfläche gestrahlt. Der Strahldurchmesser (2 w_0) wurde vor Versuchsbeginn unterhalb der Optik in verschiedenen Positionen gemessen. Das Ergebnis der Messung ist in Bild 48 dargestellt. Die Intensitätsverteilung ist aufgrund des hohen Multimodes nahezu zylinderförmig. Im Bereich des Fokuspunktes bleibt der Strahldurchmesser über einen Bereich von ca. 20 mm nahezu konstant zwischen 1,6 mm bis 2 mm.

Die Mitte des Fokuspunktes wurde auf den Schnittpunkt der Oberfläche mit der optischen Achse positioniert. Die Polarisationsrichtung des Lasers befand sich in der Einfallsebene, die Vorschubrichtung war senkrecht dazu.

Es wurden keine zusätzlichen absorptionssteigernden Maßnahmen angewendet. Bei einer Versuchsreihe wurde zusätzlich mit Schutzgas gearbeitet, um eine Oxidbildung zu verhindern. Dazu wurde ein Argon-Gasstrahl direkt auf die Oberfläche in den Auftreffbereich der

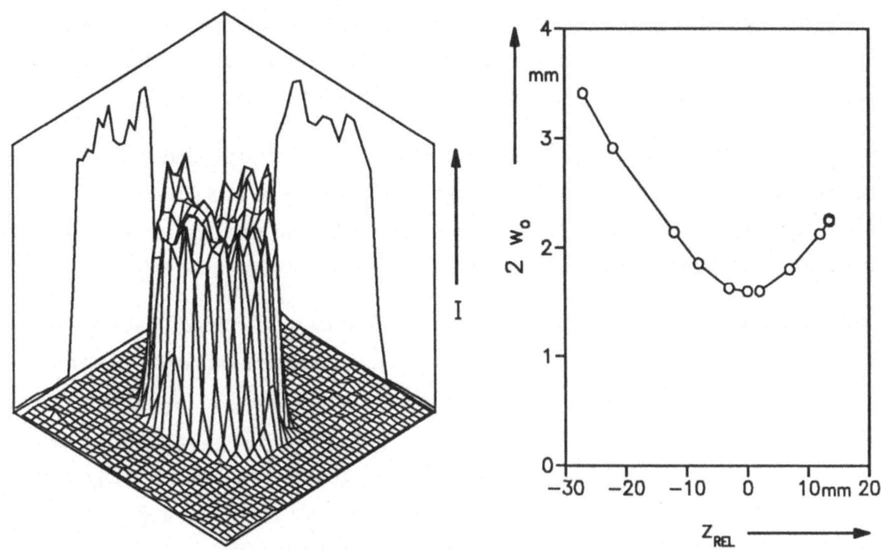

Bild 48   *Intensitätsverteilung des CO-Lasers im Fokus der 300 mm Optik und Verlauf des Strahldurchmessers in Abhängigkeit der relativen Position Z_{REL}.*

Laserstrahlung geleitet.

Bei den Versuchen wurde jeweils die Laserleistung konstant gehalten und die Geschwindigkeit variiert.

Während der Versuche wurde beobachtet, daß sich bei den Experimenten ohne Schutzgas unter dem Laserstrahl sofort eine Oxidschicht auf der Werkstückoberfläche ausbildete. Diese Oxidschicht hatte ein sehr gleichmäßiges Aussehen und war in der Regel über die gesamte Spurlänge gleichmäßig breit. Bei den Versuchen mit Schutzgas gelang es, diese Oxidbildung vollständig zu unterdrücken.

5.7.2 Versuchsergebnisse

Die mit den Einfallswinkeln 70° und 75° sowie 550 W und 1100 W Laserleistung ohne Schutzgas erzielten Resultate der Härtungen sind in Bild 49 und Bild 50 dargestellt.

Mit 70° Einfallswinkel wurden bei 550 W Laserleistung die besten Härteergebnisse erzielt. Bei 1100 W Laserleitung - und damit höherer Intensität - werden erst ab Geschwindigkeiten oberhalb 2300 mm/min Versuche ohne Anschmelzungen erzielt. Die dabei erreichte Tiefe der

Umwandlungszone und Randhärtetiefe ist aber sehr gering. Bei dem höheren Einfallswinkel von 75° wird die Intensität auf der Oberfläche aufgrund der Aufweitung des Strahles geringer und es werden insgesamt geringere Härtetiefen erreicht. Dies ist auf die erhöhte Absorption und damit eine größere Neigung zur Oberflächenanschmelzung zurückzuführen.

Die geringsten zur Umwandlung benötigten spezifischen Energien sind bei nahezu allen Versuchsreihen ohne Schutzgas gleich. Sie liegen bei Spuren ohne Anschmelzungen zwischen 35 J/mm^3 und 40 J/mm^3. Die geringsten Energien werden bei den Spuren mit den tiefsten Einhärtungen und damit auch den höchsten Oberflächentemperaturen benötigt.

Bei den Versuchen mit Argon-Schutzgas konnten erfolgreiche Härtungen mit 800 W Laserleistung erzielt werden (Bild 51, Bild 52). Dabei wurde keinerlei Oxidation der Oberfläche beobachtet. Bei den Versuchen mit einer Laserleistung von 1100 W konnte erst ab einer Geschwindigkeit von 1500 mm/min eine Härtung ohne Anschmelzung erreicht werden. Die Randhärtetiefe war dabei aber geringer als 0,3 mm. Die für die Umwandlung benötigte spezifische Energie lag hier bei den besten Spuren bei etwa 50 J/mm^3 und damit deutlich höher, als bei den entsprechenden Versuchen ohne Schutzgas. Dies ist auf den fehlenden Effekt der Absorptionserhöhung durch die sich ausbildende Oxidschicht zurückzuführen, die im Falle der Versuche ohne Schutzgas zur besseren Einkopplung führt.

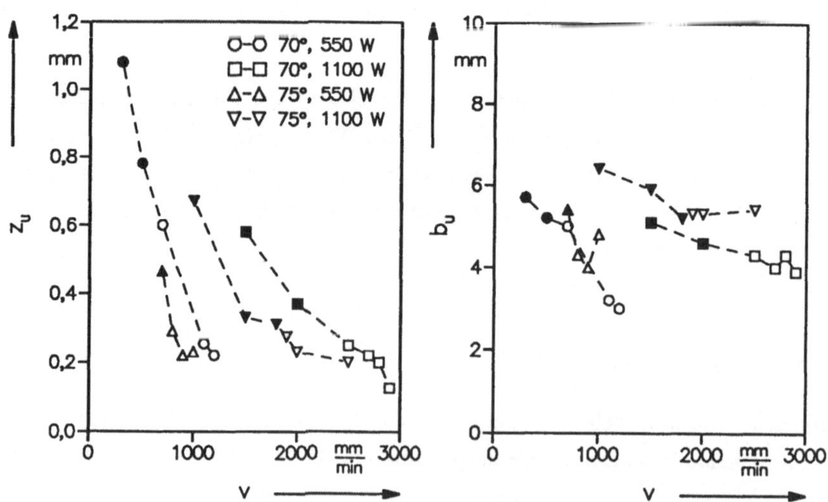

Bild 49   *Erreichte Tiefen und Breiten der Umwandlungszonen beim Härten mit CO-Laser und Schrägeinfall (O keine Oberflächenanschmelzung, ● Oberflächenanschmelzung).*

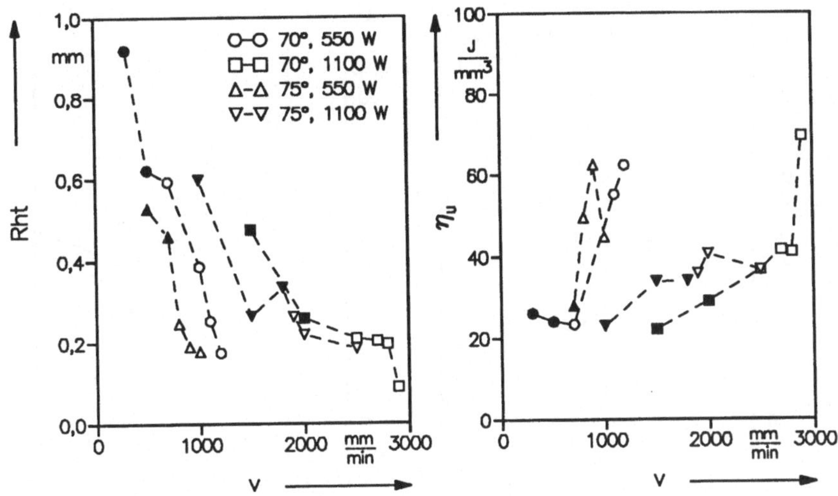

Bild 50 *Erreichte Randhärttiefe und benötigte Energie pro umgewandeltem Volumen beim Härten mit Schrägeinfall (O keine Oberflächenanschmelzung, ● Oberflächenanschmelzung).*

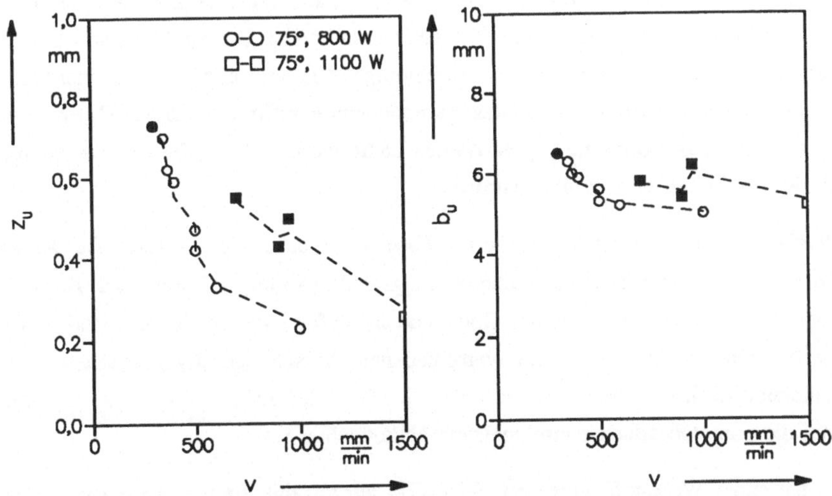

Bild 51 *Mit Argon-Schutzgas erzielte Tiefen und Breiten der Umwandlungszonen (O keine Oberflächenanschmelzung, ● Oberflächenanschmelzung).*

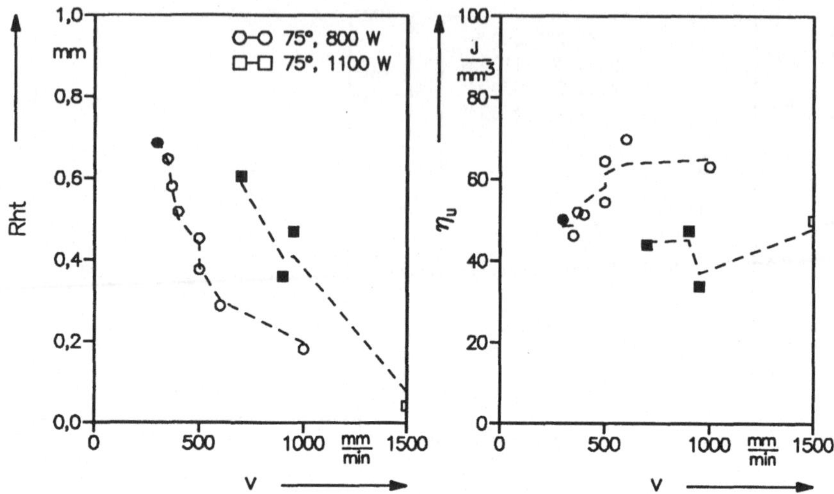

Bild 52   *Erzielte Randhärtetiefen und benötigte Energie pro umgewandeltem Volumen bei CO-Laser Härtungen mit Argon-Schutzgas (O keine Oberflächenanschmelzung, ● Oberflächenanschmelzung).*

5.8   Experimente mit Nd:Yag-Lasern und senkrechtem Strahleinfall

5.8.1   Versuchsdurchführung

Die Versuche mit Nd:Yag-Lasern wurden mit einem Laser durchgeführt, der eine maximale Leistung von 1,3 kW im Dauerstrichbetrieb emittieren konnte. Die Strahlung wurde von einer Glasfaser mit 1 mm Durchmesser zum Bearbeitungsort geführt und dort mit einer Optik von 100 mm Brennweite fokussiert. Das Glasfaserende wurde im Brennpunkt der Optik abgebildet (1:1 Optik). Der Laser erzeugte unpolarisiertes Licht, weshalb Versuche nur mit senkrechtem Einfall der Strahlung durchgeführt wurden.

Die Bearbeitung erfolgte mit defokussiertem Laserstrahl, dabei wurden durch die Defokussierung drei verschiedene Strahldurchmesser eingestellt (5 mm, 7,5 mm und 10 mm). Die Intensitätsverteilungen im Fokus der Optik und im defokussierten Zustand sind in Bild 53 dargestellt. Die Optik wurde mit verschiedenen Vorschubgeschwindigkeiten über die Werkstückoberfläche bewegt und zu jeder Geschwindigkeit die maximale Laserleistung gesucht, die ohne Oberflächenanschmelzung einkoppelbar war.

Als zu härtender Werkstoff wurde ein Stahl C45 ausgewählt. Er lag in zwei verschiedenen Oberflächenvorbehandlungen vor: geschliffen und graphitbeschichtet. Die geschliffenen Proben

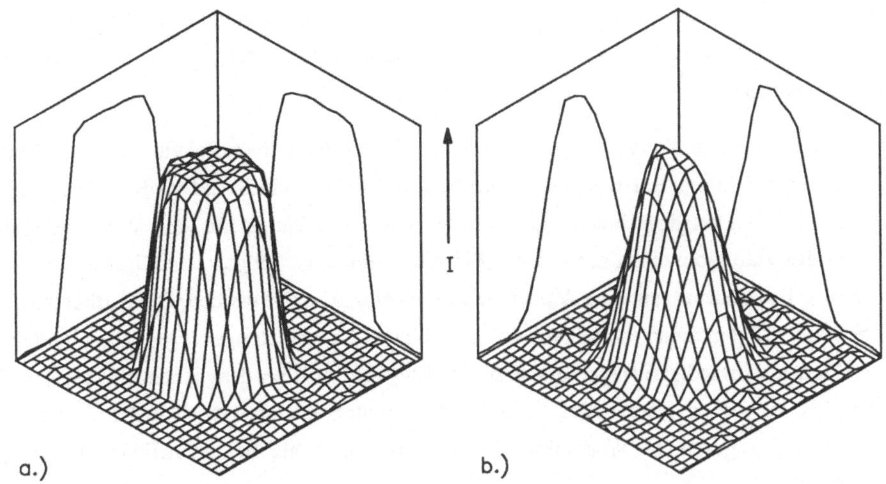

Bild 53   *Intensitätsverteilung des Nd:Yag-Lasers nach der Glasfaser: a.) im Fokus der Optik, b.) defokussiert.*

wurden vor der Bearbeitung mit Alkohol gereinigt.

Die Versuche an den unbeschichteten Proben wurden sowohl ohne, als auch mit Stickstoff-Schutzgas durchgeführt. Das Schutzgas wurde direkt auf die Werkstückoberfläche in den Bereich der Wechselwirkung geleitet.

5.8.2 Versuchsergebnisse

Während der Versuche wurde beobachtet, daß sich auf der Oberfläche der unbeschichteten Proben sofort eine Oxidschicht unter dem Laserbrennfleck bildete. Die Breite der Oxidschicht war abhängig von der verwendeten Leistung und der Vorschubgeschwindigkeit. Die Oxidschicht war umso breiter und dicker, je langsamer die Vorschubgeschwindigkeit und je höher die Laserleistung war. Die dicksten Oxidschichten ließen sich durch Kratzen von der Oberfläche entfernen oder platzten teilweise nach der Härtung ab. Bei der Verwendung von Schutzgas kam es ebenfalls zu der Ausbildung von Oxidschichten, die allerdings nicht so dick waren und sich nicht durch Kratzen entfernen liessen. Eine plötzliche Änderung der Oxidschichtbreite und -dicke während der Härtung wurde nicht beobachtet.

Die Ergebnisse der Experimente sind in Bild 54 bis Bild 57 dargestellt. Aus den Abbildungen ist ersichtlich, daß die jeweils erreichten Randhärtetiefen sowie Tiefen und Breiten der Umwandlungszonen keine signifikanten Unterschiede bei den verschiedenen Oberflächenvorbehandlungen aufweisen. Die für diese Ergebnisse benötigte Laserleistung ist bei den unbeschichteten Proben immer höher als bei den mit Graphit beschichteten Proben. Darum wird bei den graphitbeschichteten Proben auch die geringste Energie pro umgewandeltem Volumen benötigt.

Die benötigte Umwandlungsenergie ist von der Vorschubgeschwindigkeit und dem Strahldurchmesser abhängig. Bei niedrigen Vorschubgeschwindigkeiten und großen Strahldurchmessern ist die Energieausbeute am schlechtesten. Dies hängt mit der Wärmeableitung während des Härtevorganges zusammen. Bei niedrigen Vorschubgeschwindigkeiten können nur geringe Laserleistungen ohne Aufschmelzungen eingekoppelt werden. Die Aufheizung der Oberfläche erfolgt nicht so schnell wie bei den höheren Laserleistungen. Durch das Verhältnis der Aufheizgeschwindigkeit zur Temperaturleitfähigkeit wird bei langsamer Aufheizung die Wärme bis in größere Tiefen des Werkstückes geleitet. Dadurch wird mehr Energie zur Erwärmung des gesamten Werkstückvolumens verwendet als bei schnellerer Aufheizgeschwindigkeit.

Bei großen Strahldurchmessern und dem bei diesen Versuchen vorliegenden Strahlprofilen sind in den Randbereichen des Laserstrahles nur geringe Intensitäten vorhanden. Sie reichen nicht aus, um dort Umwandlungstemperatur zu erzielen und gehen darum durch seitliche Wärmeableitung verloren.

Wenn die Geschwindigkeit nicht zu gering bzw. der Brennfleck nicht zu groß gewählt wird, ist die benötigte Umwandlungsenergie in weiten Bereichen nahezu unabhängig vom Vorschub.

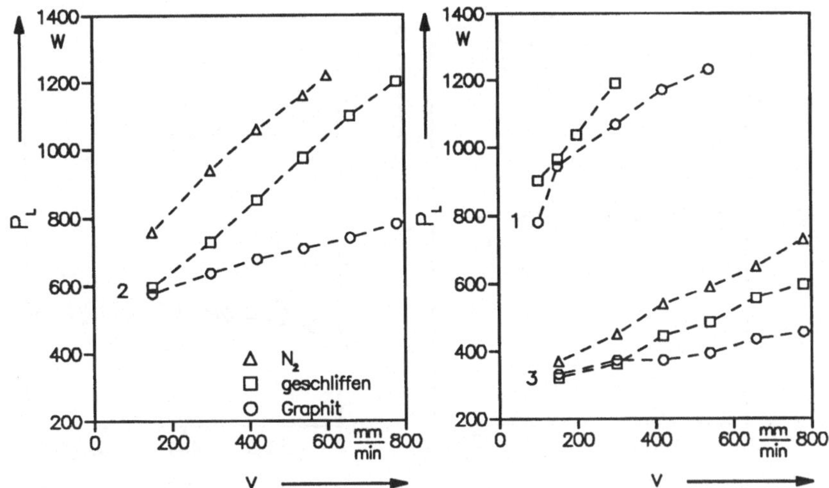

Bild 54 *Maximal einkoppelbare Laserleistung*
(Strahldurchmesser: 1- 10 mm; 2- 7,5 mm; 3- 5 mm).

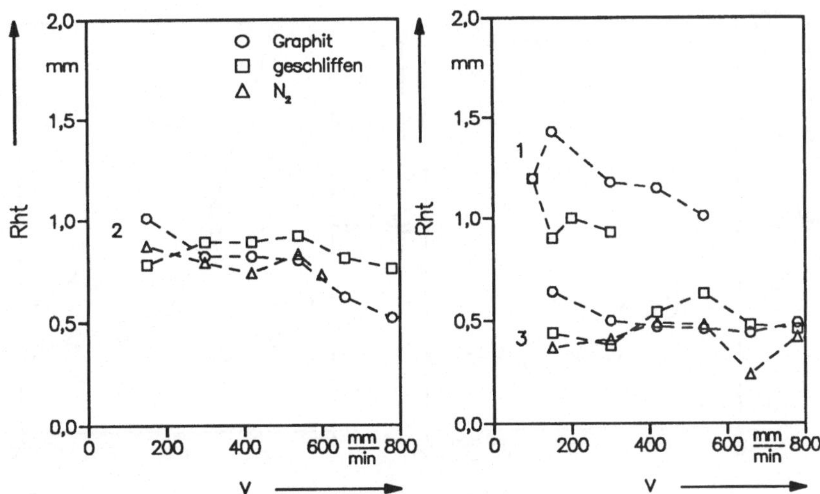

Bild 55 *Maximal erzielte Randhärtetiefen*
(Strahldurchmesser: 1- 10 mm; 2- 7,5mm; 3- 5mm).

5 Kontrollierte Absorption durch Anwendung verschiedener Laser

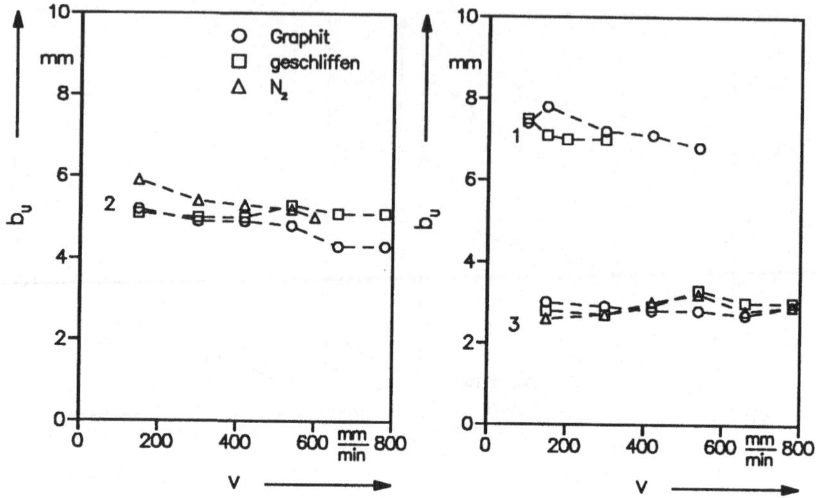

Bild 56   *Spurbreiten bei den Härteversuchen mit Nd:Yag Laser (Strahldurchmesser: 1- 10 mm; 2- 7,5 mm; 3- 5 mm).*

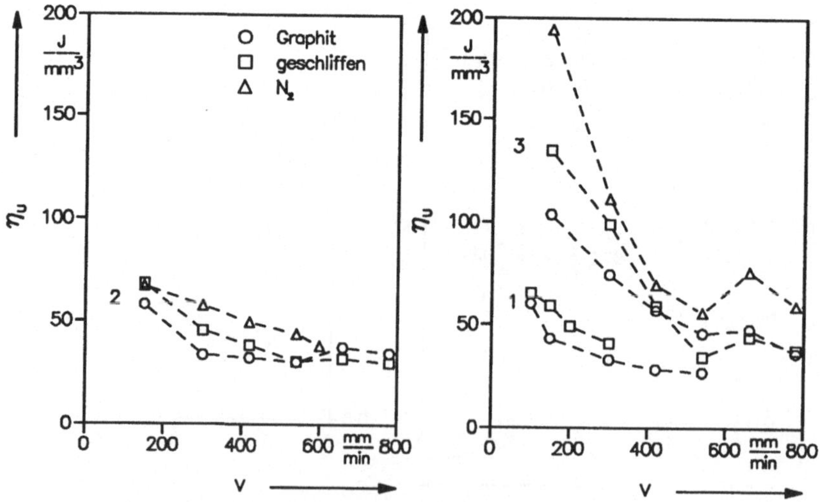

Bild 57   *Benötigte Energie pro umgewandeltem Volumen (Strahldurchmesser: 1- 10 mm; 2- 7,5 mm; 3- 5 mm).*

5.9   Zusammenfassung der Ergebnisse

Die Versuche mit Absorptionserhöhung durch Schrägeinfall führen zusammenfassend zu folgenden Ergebnissen:

Eine Härtung ohne Beschichtung ist bei CO- und CO_2-Lasern mit linear polarisiertem Laserstrahl und Schrägeinfall möglich. Durch Anwendung dieses "Brewster-Effektes" kann bei CO_2-Laserstrahlung auf unbeschichteter Oberfläche keine bessere Einkopplung erzielt werden, als mit einer graphitierten Oberfläche. Dies zeigte sich in den durchgeführten Absorptionsmessungen (Kapitel 5.1.2) und wird durch die Härteversuche bestätigt. Es werden deutlich höhere Laserleistungen als bei senkrechtem Einfall benötigt, um die gleichen Randhärtetiefen zu erzielen.

Eine Härtung ohne Schutzgas, ohne Beschichtung und ohne weitere zusätzliche Hilfsmittel ist mit CO_2-Lasern nur sehr unzuverlässig realisierbar, da die Bildung einer Oxidschicht zu einer sofortig erhöhten Einkopplung und damit sehr leicht zum Aufschmelzen der Oberfläche führt. Dadurch treten auch bei den erreichbaren Randhärtetiefen große Streuungen auf, weshalb ein Einsatz dieses Verfahrens ohne zusätzliche Maßnahmen in einer Fertigung nicht empfohlen werden kann. Abhilfe kann durch Verwendung eines Inertgases zur Unterdrückung der Oxidbildung oder durch Anwendung einer Temperaturregelung (siehe nachfolgendes Kapitel) geschaffen werden.

Bei den Härtungen mit Schutzgas ist es unter Einsatz von höheren Laserleistungen möglich, eine völlig oxidfreie, gehärtete Oberfläche zu erzeugen. Bei entsprechender Oberflächenvorbehandlung sind die erreichbaren Härteergebnisse gut reproduzierbar und nur geringen Schwankungen ausgesetzt. Die Randhärtetiefe läßt sich sehr genau kontrollieren. Aus diesem Grund wird dieses Verfahren als am vorteilhaftesten für einen industriellen Einsatz gesehen.

Die Randhärtetiefen sind bei Härtungen mit Schrägeinfall und einer einfachen Optik durch die geringe Strahlbreite in Vorschubrichtung begrenzt. Eine Defokussierung des Laserstrahles bringt einen breiteren Stahl auf dem Werkstück und damit höhere Prozeßgeschwindigkeiten, die erzielbaren Spurquerschnitte sind aber aufgrund der damit verbundenen Strahlverzerrung ungleichmäßig. Um hohe Vorschubgeschwindigkeiten und größere Einhärtungen ohne Asymmetrien in der Härtespur zu erreichen, sollte eine Strahlformung verwendet werden, die den Laserstrahl in Vorschubrichtung aufweitet und quer zur Vorschubrichtung eine symetrische Intensitätsverteilung generiert. Dies kann z.B. durch Anwendung eines Zylinderspiegels geschehen. Eine andere Lösung für diese Forderungen stellt die flexible Strahlformungsoptik dar. Dies wird in den nächsten Kapiteln gezeigt.

Trotz der ungünstigeren Einkopplung der Laserstrahlung kann die Härtung unter Anwendung des "Brewster-Effektes" eine erhöhte Prozesseffizienz zur Folge haben, da der Arbeitsschritt der Schichterzeugung entfällt und eine Nachbearbeitung ebenfalls komplett vermieden werden kann. Die Anwendung des Verfahrens wird dann gegenüber einer Laserhärtung mit Beschichtung wirtschaftlich, wenn der Kostenvorteil durch die eingesparten Prozeßschritte der Schichterzeugung und -entfernung größer als die Kosten durch die höhere benötigte Laserleistung sind.

Mit Nd:Yag-Lasern ist eine Härtung ohne Absorptionsschicht bei senkrechter Bestrahlung möglich. Der relative Unterschied in der Absorption auf blanker und oxidierter Oberfläche ist kleiner als bei CO_2-Lasern. Es kommt damit nicht zu plötzlichen Anschmelzungen, wenn bei der Härtung eine Oxidschicht entsteht. Die Handhabbarkeit des Verfahrens wird damit deutlich einfacher.

Die benötigte Energie pro umgewandeltem Volumen kann als Vergleichsmittel der verschiedenen Härteversuche herangezogen werden. Diese spezifische Umwandlungsenergie hängt von der Absorption an der Werkstückoberfläche und dem beim Härten verwendeten Strahlprofil ab. Eine Härtung ist dann optimal, wenn die spezifische Umwandlungsenergie minimal wird. Dann sind die höchste Absorption an der Oberfläche und die geringsten Verluste durch Wärmeableitung in nicht umgewandeltes Werkstückvolumen vorhanden.

Ein Vergleich der minimal benötigten spezifischen Umwandlungsenergien von CO- und CO_2-Laser, die bei Versuchen mit einer Integratoroptik, Graphit- und Oxidbeschichtung, und annähernd gleichen Strahlprofilen benötigt wurden, zeigt, daß bei beiden Lasern jeweils die besten Ergebnisse mit Oxidbeschichtung erzielt werden (Bild 58).

Im direkten Vergleich der beiden Wellenlängen zeigt sich, daß bei gleicher Ausrichtung des Laserbrennflecks und Graphitbeschichtung beide Laser bei senkrechtem Strahleinfall etwa gleiche Energien zum Härten benötigen. Auf einer Oxidschicht zeigt der CO_2-Laser eine etwas bessere Energieausnutzung als der CO-Laser. Bei rechteckigem Strahl ist eine Strahlausrichtung quer zur Vorschubbewegung energetisch günstiger als längs dazu.

Ein Vergleich der minimalen Umwandlungsenergien bei den Versuchen mit Schrägeinfall zeigt, daß hier mit dem CO-Laser deutlich weniger Energie als mit dem CO_2-Laser benötigt wird, um zum gleichen Resultat zu gelangen (Bild 59). Es wird bei unbeschichteten Proben vom CO-Laser nur etwa 50% der Energie des CO_2-Lasers benötigt, um eine Härtung zu erzielen.

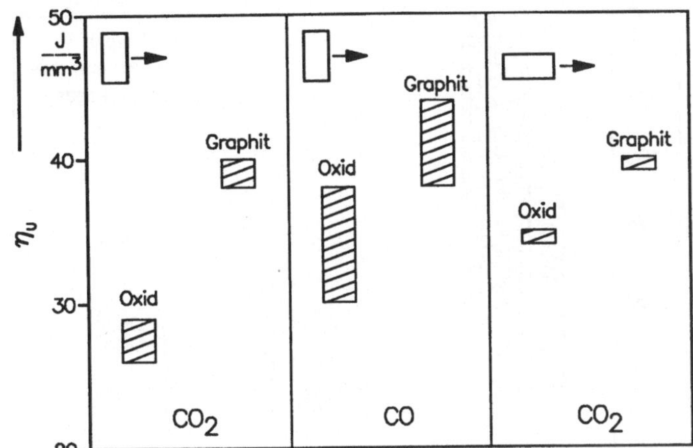

Bild 58 *Bereiche der bei verschiedenen Parametern minimal benötigten Umwandlungs-energien beim Härten mit Integratoroptik, verschiedenen Oberflächen, CO- und CO_2-Lasern.*

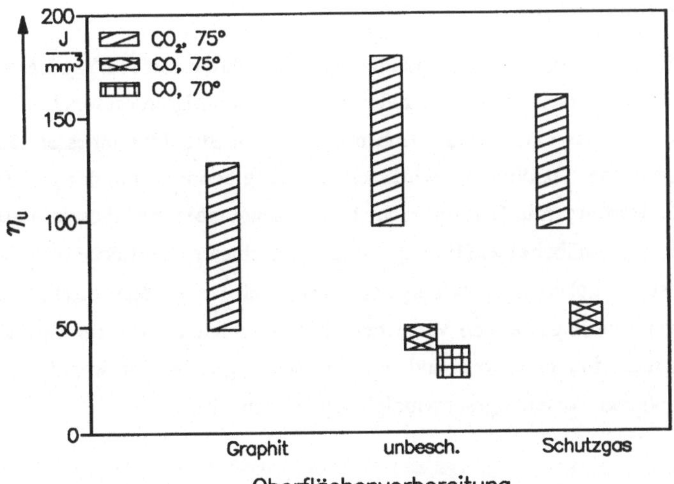

Bild 59 *Bereiche der bei verschiedenen Parametern minimal benötigten Umwandlungs-energien beim Härten mit Schrägeinfall (CO_2- und CO-Laser, alle Vorschubge-schwindigkeiten).*

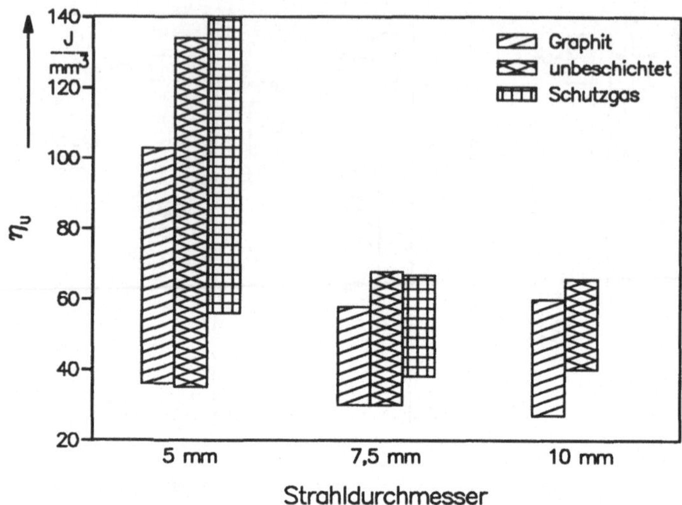

Bild 60   *Bereiche der benötigten Umwandlungsenergien beim Härten mit Nd:Yag-Laser, senkrechtem Einfall und verschiedenen Strahldurchmessern.*

Ferner zeigt sich, daß beim CO-Laser ein Einfallswinkel von 70° energetisch günstiger ist, als ein Einfallswinkel von 75°. Dies ist auf einen Einfluß des Strahlprofiles zurückzuführen, das bei dem höheren Einfallswinkel geringere Gradienten in den Randbereichen der Intensitätsverteilung besitzt, wodurch ein größerer Energieverlust durch Bereiche niedriger Intensität und geringer Temperatur auftritt.

Aus dem in Bild 60 dargestellten Vergleich der beim Härten mit Nd:Yag-Laser mit gleicher Strahlformung aber verschiedenen Strahldurchmessern benötigten minimalen Umwandlungsenergien zeigt sich nur eine geringe Abhängigkeit vom Strahldurchmesser. Bei Schutzgaszufuhr und reduzierter Oxidbildung wird mehr Leistung benötigt, um das gleiche Resultat zu erzielen. Eine Härtung mit Graphitbeschichtung bringt aber bei diesem Laser nur einen geringen Vorteil gegenüber einer Härtung auf unbeschichteter Oberfläche ohne Schutzgas. Ein Unterschied ist bei hohen Geschwindigkeiten und auch bei großem Strahldurchmessern zu sehen. Hier war allerdings bei den Versuchen ohne Beschichtung die zur Verfügung stehende Laserleistung nicht immer ausreichend, um die Zonen gleicher Umwandlungsenergieen im Bereich der höheren Vorschubgeschwindigkeiten zu erreichen.

6 Entwicklung eines Systems zur Oberflächentemperaturregelung beim Laserhärten

6.1 Entwicklung des Sensorsystems

6.1.1 Vorüberlegungen zur Auswahl der benötigten Geräte

Um eine Regelung der Oberflächentemperatur beim Laserhärten realisieren zu können, werden folgende Komponenten benötigt:

- Ein Meßgerät zur Erfassung der Oberflächentemperatur innerhalb der Laserstrahlauftreffzone mit möglichst hoher Ansprechgeschwindigkeit und einer geometrischen Temperaturauflösung auf der Oberfläche von ca. 1mm^2.

- Ein Regler, der aus dem Meßsignal des Oberflächentemperaturmeßgerätes und einer vom Anwender vorgegebenen Führungsgröße eine Stellgröße erzeugt.

- Ein Gerät, das es ermöglicht, mit der Stellgröße die Laserleistung zu steuern.

Da in der Laserauftreffzone an der Oberfläche des Materials von Temperaturen in der Nähe des Schmelzpunktes ausgegangen werden muß, ist nur eine berührungslose Temperaturmessung sinnvoll. Dafür bieten sich zwei Methoden an [67]:

Die *THERMOGRAPHIE*, bei der ein zweidimensionales Bild der Temperaturverteilung an der Oberfläche erfaßt wird. Die angebotenen Systeme arbeiten mit Scanneroptiken und pyroelektrischen Elementen oder infrarotempfindlichen Kameras. Die Ortsauflösung dieser Systeme ist recht gut (< 1 mm^2), aber in der Regel ist nur eine Zeitauflösung in Videobildfrequenz (50Hz) möglich. Aus diesem Grund eignen sich diese Systeme nur schlecht zum Einsatz in einer schnellen Regelung.

Die *PYROMETRIE*, bei der mit einem Pyrometer innerhalb eines Meßflecks eine integrierte Temperatur gemessen wird. Die Größe des Meßflecks ist abhängig von der verwendeten Pyrometeroptik. Meßfleckgrößen von ca. 1 mm^2 sind realisierbar. Es sind zwei Systeme auf dem Markt erhältlich: Spektralpyrometer und Verhältnispyrometer (siehe nachfolgendes Kapitel). Typische Ansprechgeschwindigkeiten derzeit verfügbarer Geräte auf Temperaturänderungen liegen im Bereich von 1 ms bei einem Spektralpyrometer und ca. 10 ms bei einem Verhältnispyrometer. Aufgrund der höheren Ansprechgeschwindigkeit wurde ein Spektralpyrometer zur Messung der Oberflächentemperatur ausgewählt.

Die Möglichkeit zur schnellen Steuerung der Laserleistung über ein Analogsignal bieten heutzutage alle modernen CO_2- und viele Nd:Yag-Laser. Die Reaktionsgeschwindigkeiten dieser Laser auf externe Analogsignale liegen im Bereich von 100 Hz bis 1 kHz und sind damit für den Einsatz in Regelkreisen geeignet.

Als Regler wurde ein Mikrocomputer ausgewählt, da er leichter als ein Analogregler in bereits bestehende Steuerungen integrierbar ist und Änderungen des Reglerverhaltens einfacher realisierbar sind.

6.1.2 Charakteristik einer Oberflächentemperaturmessung mit einem Spektralpyrometer

Mit Spektralpyrometern wird die Strahlung eines Körpers, dessen Temperatur bestimmt werden soll, in einem schmalen Wellenlängenbereich gemessen und mit der spezifischen Lichtausstrahlung eines schwarzen Körpers verglichen. Daraus läßt sich eine Temperaturaussage treffen.

Da im allgemeinen aufgrund des Emissionsfaktors die spezifische Ausstrahlung der betrachteten Körper geringer als die des schwarzen Strahlers gleicher Temperatur ist, ist die wahre Temperatur des betrachteten Körpers höher, als die von einem unkorrigierten Spektralpyrometer angezeigte. Die Korrektur erfolgt durch die Vorgabe eines Emissionsfaktors ε, der, außer bei einem sogenannten grauen Strahler, wellenlängenabhängig ist und für die Meßwellenlänge des Pyrometers durch Eichung mit einem schwarzen Strahler gleicher Temperatur bestimmt werden muß. Aus der vom Pyrometer angezeigten Temperatur T_m kann die "wahre" Temperatur T_w berechnet werden, wenn die Wellenlänge λ, bei der die Messung stattfindet und der Emissionsfaktor der Oberfläche ε bekannt sind [14]:

$$T_w = \frac{1}{\dfrac{1}{T_m} + \dfrac{\lambda \cdot k}{c \cdot h} \cdot \ln\varepsilon} \tag{36}$$

Diese Abhängigkeit der angezeigten Temperatur von ε kann durch Verwendung eines Verhältnispyrometers (Quotientenpyrometers) umgangen werden. Dabei wird bei zwei Wellenlängenbereichen gemessen, und durch Quotientenbildung der beiden Meßwerte entfällt der Emissionsfaktor in der Gleichung. Vorraussetzung dafür ist, daß er für beide Wellenlängenbereiche derselbe ist. Aus diesem Grund werden die beiden Bereiche möglichst dicht zusammenliegend gewählt, damit diese Annahme hinreichend gut erfüllt wird. Der Nachteil auf dem Markt befindlicher Verhältnispyrometer ist ihre maximale Ansprechgeschwindigkeit, die um den Faktor 10 niedriger ist, als die von verfügbaren Spektralpyrometern.

Ein grundsätzliches Problem stellt sich bei der Verwendung von Beschichtungen beim Laserhärten. Die Temperatur in einer Oberflächenschicht ist in der Regel höher, als die Temperatur an der Materialoberfläche, was durch die endliche Dicke und Wärmeleitfähigkeit der Schicht sowie durch den Wärmeübergang zwischen Schicht und Grundmaterial bedingt ist. Darum wird vom Pyrometer eine Temperatur gemessen, die von der Schichtdicke abhängt. Diese Schichten werden oft von Hand aufgetragen, wodurch Schwankungen in der Schichtdicke häufig auftreten. Die für die Regelung benötigte Messung der Temperatur an der Stahloberfläche T_{STAHL} ist somit mit einem Fehler behaftet.

Die Abhängigkeit der Temperatur an der Graphitoberfläche $T_{GRAPHIT}$ von der Schichtdicke d ist annähernd linear, wie sich aus einem einfachen Wärmeleitungsmodell bei Vernachlässigung des Wärmeüberganges zwischen Schicht und Grundmaterial ergibt [68]:

$$T_{Graphit} = T_{Stahl} + \frac{\alpha_{Graphit} \cdot I_i \cdot d}{K_{Graphit}} \tag{37}$$

Zusätzliche Probleme können auftreten, wenn sich der Emissionsfaktor beim Prozeß ändert. Dies kann durch Schichtabbrand oder auch durch Entstehen von Oxidschichten während der Wechselwirkung geschehen.

6.1.3 Aufbau der Regelung und verwendete Regelungsart

Die technischen Daten des ausgewählten Pyrometers [69] können Tabelle 7 entnommen werden. Ebenfalls in dieser Tabelle enthalten sind die technischen Daten des verwendeten CO_2-Lasers [70] sowie des eingesetzten Mikrocomputers mit der darin eingebauten Ein-Ausgabe-Karte.

Den schematischen Aufbau der Regelung zeigt Bild 61. Die Oberflächentemperatur des Werkstückes wird innerhalb des Laserstrahlauftreffpunktes durch das Pyrometer berührungslos gemessen. Das Ausgangssignal des Pyrometers wird in einem Mikrocomputer digitalisiert und liefert die Regelgröße T_{IST} als Eingang für den Regler. Diese Regelgröße wird mit einer vorgegebenen Solltemperatur T_{SOLL} (Führungsgröße) verglichen und daraus die Stellgröße berechnet. Diese Stellgröße wird als Analogsignal an den Laser geleitet, dessen Laserausgangsleistung damit gesteuert wird.

Der Regler ist als Programm in einer Hochsprache im Mikrocomputer abgelegt. Die Regelfrequenz wurde aufgrund der Laseransprechgeschwindigkeit auf 300 Hz softwaremäßig eingestellt. Für die Programmierung des Reglers wurde ein modifizierter PID-Algorithmus

Spektralpyrometer:	
Meßwellenlänge	0,9 µm (0,8 µm - 1,1 µm)
Temperaturmeßbereich	820 °C - 1700 °C
Ansprechzeit	≤ 1 ms
kleinster Meßfleckdurchmesser	ca. 1 mm
Emissionsfaktoreinstellung	0,2 - 1
Ausgangssignal	0 V - 10 V
Laser:	
Laserwellenlänge	10,6 µm
max. Ausgangsleistung	1500 W
einstellbarer Leistungsbereich	75 W - 1500 W
Leistungskonstanz	+/- 2 %
Divergenzwinkel	≤ 1 mrad
Leistungsverteilung	$TEM_{00} + TEM_{01*}$
Pulsfrequenz (HF)	100 Hz - 100 kHz
Reaktionzeit auf Steuersignal	ca. 3 ms
Steuersignal zur Leistungssteuerung	0 V - 10 V
Mikrocomputer und Prozeßdatenerfassung	
Prozessor	80286, 10 MHz Taktfrequenz
zum Einlesen eines Analogwertes benötigte Zeit	110 µs
zur Ausgabe eines Analogwertes benötigte Zeit	60 µs
Spannungsbereich der Ein/Ausgabe	0 V - 10 V
Genauigkeit des A/D-Wandlers	12 Bit (=4096 Stufen)
maximal erreichte Regelfrequenz	3,1 kHz

Tabelle 7   *Herstellerdaten der verwendeten Geräte.*

verwendet, wie er in Gleichung (38) dargestellt ist:

$$P_L(t_n) = P_L(t_{n-1}) + F_1 \cdot [T_{SOLL} - T(t_n)] + F_2 \cdot [T(t_n) - T(t_{n-1})] \tag{38}$$

Mit dieser Gleichung wird aus der Stellgröße (Laserleistung) $P_L(t_{n-1})$ beim letzten Zeitschritt, der gerade gemessenen Oberflächentemperatur $T(t_n)$ und der Oberflächentemperatur $T(t_{n-1})$ beim letzten Zeitschritt die neue Stellgröße $P_L(t_n)$ berechnet. Parameter sind die Solltemperatur (Führungsgröße) und die Regelfaktoren $F_{1,2}$. Ein dritter Regelfaktor ist implizit in der

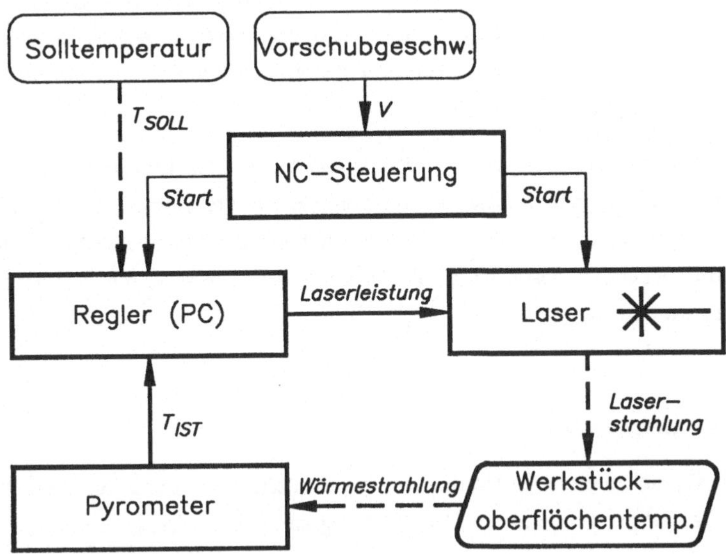

Bild 61   *Prinzipbild des Systems zur Temperaturregelung beim Laserhärten.*

Regelfrequenz (Meßfrequenz) enthalten. Die Regelfaktoren bestimmen das Verhalten des Proportional-, Integral- und Differentialanteils der Regelung. Sie müssen in Vorversuchen so eingestellt werden, daß die Regelung nicht zu träge reagiert, aber auch nicht zum Überschwingen neigt.

6.2 Experimente mit der Temperaturregelung

6.2.1 Versuchsbeschreibung

Die Experimente mit der Temperaturregelung wurden an einem vorvergüteten, perlitischem C45-Stahl durchgeführt. Es wurden zwei verschiedene absorptionserhöhende Schichten verwendet, eine Graphitsuspension und eine durch das Vergüten entstandene Oxidschicht. Die Graphitschicht wurde durch manuelles Aufsprühen erzeugt und lag in zwei verschiedenen Dicken vor, die durch einmaliges bzw. zweimaliges Besprühen der Proben entstanden waren. Die Bestrahlung erfolgte unter senkrechtem Einfall mit einem auf ca. 5,5 mm Durchmesser defokussiertem Laserstrahl. Das Pyrometer wurde auf einen angenommenen Emissionsfaktor von 0,8 eingestellt. Der Pyrometermeßfleck hatte einen Durchmesser von ca. 1 mm auf der Werkstückoberfläche und wurde im hinteren Viertel des Laserbrennflecks positioniert. Bei den Versuchen wurde die Solltemperatur (Führungsgröße) und die Vorschubgeschwindigkeit variiert. Die Lasersteuersignale wurden aufgezeichnet und daraus nachträglich eine mittlere Laserleistung bestimmt, die während des Versuches, nach Erreichen eines stationären Zustandes, abgegeben wurde. Ein beispielhafter Verlauf von Temperatursignal und Regelsignal ist in Bild 62 dargestellt.

Bei der Auswertung der Versuche wurden Querschliffe aller Proben senkrecht zur Vorschubrichtung angefertigt und daran die Tiefe und Breite der Umwandlungszone sowie die Randhärtetiefe an der tiefsten Stelle bestimmt. Anhand der Oberflächenbeschaffenheit der Spuren wurde weiterhin festgestellt, ob während der Versuche die Schmelztemperatur überschritten worden war.

6.2.2 Versuchsergebnisse

Die bei den Versuchen erzielten Härtespuren besaßen alle einen linsenförmigen Querschnitt. Dies war aufgrund der verwendeten Strahlformung zu erwarten (siehe Kapitel 3.1.1).

Die Versuche mit Oxidschicht wurden mit mehreren Solltemperaturen und Vorschubgeschwindigkeiten durchgeführt. Während der Versuche wurde festgestellt, daß die Schichtdicke sehr gleichmäßig und die Haftung der Schicht an der Oberfläche sehr gut ist. Dies ist durch die Art der Schichterzeugung gewährleistet. Der Emissionsfaktor der Schicht ändert sich nur wenig

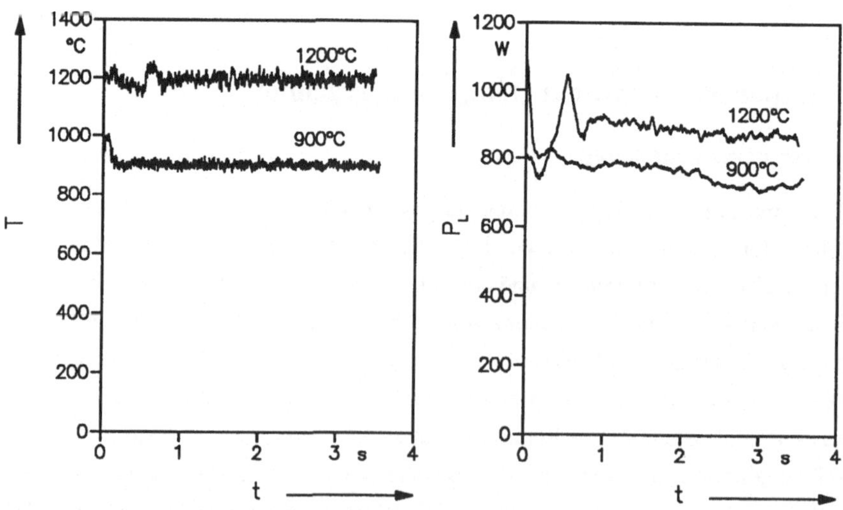

Bild 62   *Beispiel des Temperatursignals und Laserleistungssignals bei zwei verschiedenen Solltemperaturen (v = 350 mm/min, Oxidschicht).*

während der Bearbeitung, da bei der Laserhärtung die gleiche Oxidschicht entsteht. Es war kein Abbrandverhalten der Schicht zu beobachten.

Aus den Bildern der Versuchsergebnisse mit Oxidbeschichtung (Bild 63) kann entnommen werden, daß die Randhärtetiefe deutlich von der gewählten Solltemperatur abhängt. Je höher die gewählte Solltemperatur ist, umso tiefer sind die erreichten Randhärtungen.

Die Laserleistung wurde bei einer gewählten Solltemperatur immer automatisch an die Vorschubgeschwindigkeit angepaßt, so daß es bei Solltemperaturen kleiner als 1200°C auch bei niedrigen Geschwindigkeiten nicht zu Anschmelzungen an der Oberfläche kam. Die mittlere abgegebene Laserleistung ist nahezu linear abhängig von der Vorschubgeschwindigkeit. Bei einer vom Pyrometer angezeigten Temperatur von 1200°C kam es zu Anschmelzungen an der Oberfläche. Das entsprach einer tatsächlichen Oberflächentemperatur von 1450°C.

Der Verlauf der Randhärtettiefe in Abhängigkeit der Vorschubgeschwindigkeit ist durch die Positionierung des Temperaturmeßfleckes und den Temperaturverlauf durch diesen Lasermode auf der Oberfläche zu erklären: Bei niedrigen Geschwindigkeiten befindet sich das Maximum der Temperatur vor dem Meßfleck; erst mit zunehmender Geschwindigkeit verschiebt sich das Maximum unter den Meßfleck. Dadurch wird bei den geringeren Geschwindigkeiten nicht die maximale Temperatur in der bestrahlten Zone erfaßt. Dies die Ursache für die Anschmelzungen bei der höchsten Solltemperatur. Erst bei hohen Vorschubgeschwindigkeiten wird auf die maximal im Brennfleck erreichte Temperatur geregelt.

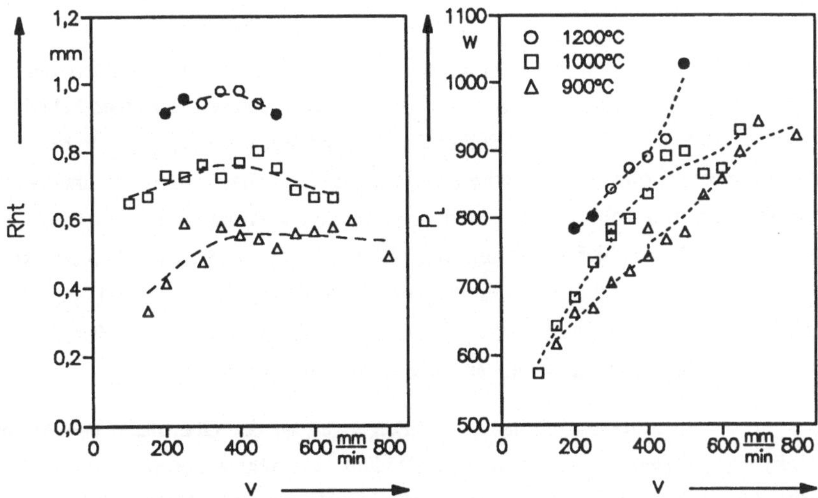

Bild 63   *Ergebnisse von Versuchen mit Oxidbeschichtung und verschiedenen Solltemperaturen (O keine Oberflächenanschmelzung, ● Oberflächenanschmelzung).*

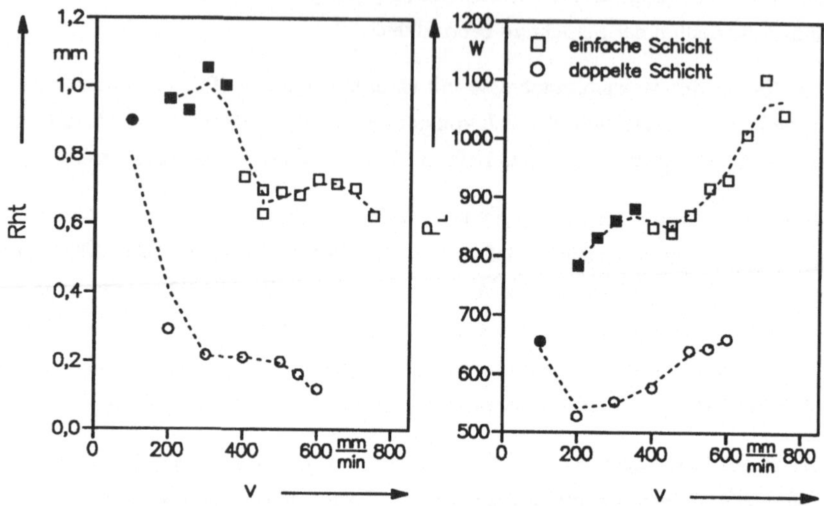

Bild 64   *Ergebnisse von Versuchen mit Graphitbeschichtung und konstanter Soll-temperatur von 1150°C (O keine Oberflächenanschmelzung, ● Oberflächen-anschmelzung).*

Bei den Versuchen mit den Graphitschichten wurden zusätzliche Effekte festgestellt. Es war, vor allem bei den niedrigen Geschwindigkeiten, ein deutlicher Abbrand der Graphitschicht zu beobachten. Dieser Abbrand war auch abhängig von der Schichtdicke. Aus diesem Grund wurde ein Vergleich bei gleicher Solltemperatur und verschiedenen Schichtdicken durchgeführt.

Aus den Versuchsergebnissen (Bild 64) ist zu erkennen, daß die erzielten Härtetiefen und die vom Regler eingestellten mittleren Laserleistungen zwischen den verschiedenen Schichtdicken unterschiedlich sind. Trotz gleicher Solltemperatur und Positionierung des Pyrometermeß-fleckes wurden bei der doppelten Schichtdicke geringere Leistungen eingestellt und damit auch geringere Härtetiefen erzielt. Dies ist durch eine Isolationswirkung der Graphitschicht erklär-bar. Bei der doppelten Schichtdicke liegt bei gleicher Temperatur an der Schichtoberfläche eine tiefere Temperatur an der darunterliegenden Metalloberfläche als bei der einfachen Schichtdicke vor. Das Pyrometer "sieht" also nicht die Temperatur an der Metalloberfläche, sondern eine von der Schichtdicke abhängende höhere Temperatur.

Bei geringer Geschwindigkeit wurden Anschmelzungen an der Oberfläche beobachtet und tiefere Härtungen erzielt. Es wurde in beiden Fällen eine höhere Laserleistung als benötigt eingestellt. Dieses Verhalten ist durch einen Abbrand der Graphitschicht zu erklären, darum stellt es sich bei der dünneren Schicht schon bei höheren Geschwindigkeiten und damit kürzeren Haltezeiten als bei der dickeren Schicht ein. Der Emissionsfaktor der Oberfläche wird durch den Abbrand geringer und so mißt das Pyrometer eine zu tiefe Temperatur.

6.2.3 Anwendung der Regelung beim Härten einer Kante

Die Regelung wurde zusätzlich an einem Beispielwerkstück getestet. Dabei handelte es sich um ein Druckstück für eine Seilzugmaschine. Das Grundmaterial war 42CrMo4. Dieses Teil sollte an der Oberkante über die gesamte Breite von 3,5 mm und Länge von 23,5 mm bis auf eine Tiefe von ca. 0,5-1 mm gehärtet werden. Dazu wurde eine Vorschubgeschwindigkeit von 350 mm/min ausgewählt und eine Graphitschicht aufgesprüht. Aufgrund der endlichen Länge des Werkstückes hatte die Temperaturregelung hier nicht nur die Aufgabe, gleichbleibende Härtungen zu erzeugen, sondern auch eine Anschmelzung der hinteren Werkstückkante aufgrund eines Wärmestaus durch geringere Wärmeableitung zu vermeiden.

In Bild 65 sind Längsschliffe durch das Werkstück bei einem Versuch mit und ohne Regelung abgebildet. Bei den Versuchen ohne Regelung kam es zu Anschmelzungen an der hinteren Werkstückkante, während mit der Regelung insgesamt tiefere Härtungen ohne Anschmelzung der Kante erzielt werden konnten.

Das Meßprotokoll einer geregelten Härtespur ist in Bild 66 abgebildet. Daraus kann entnommen werden, daß die Temperatur über das gesamte Werkstück konstant gehalten wurde. Dafür mußte vor der Kante die Leistung reduziert werden.

Der Härteverlauf in der Mitte des Werkstückes ist in Bild 67 dargestellt. Es wurde eine Randhärtetiefe von 0,56 mm erreicht.

a.)   Härtung ohne Regelung, Aufschmelzen der hinteren Werkstückkante.

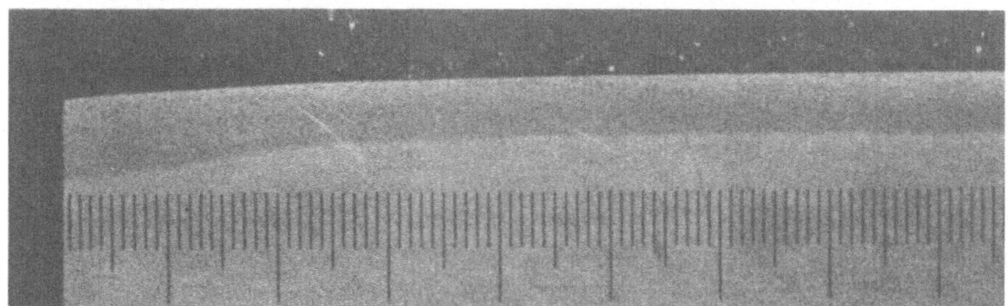

b.)   Härtung mit Regelung, Randhärtetiefe nimmt nur geringfügig zu.

Bild 65   *Schliffe längs der Laserspur beim Härten einer Kante.*

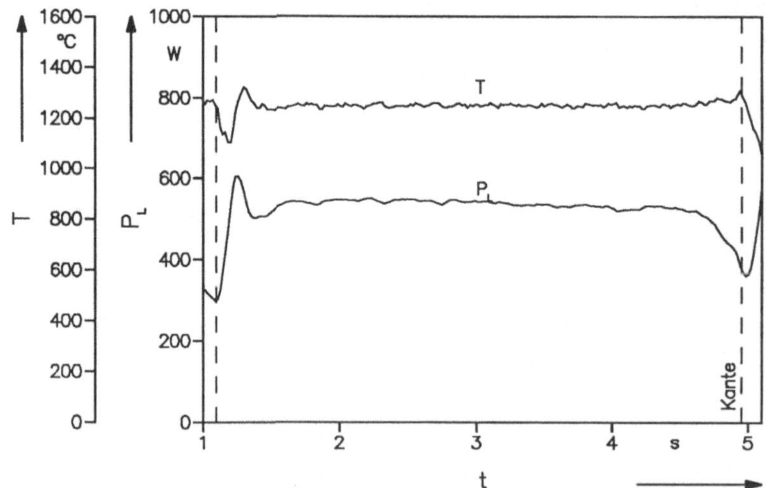

Bild 66   *Temperaturverlauf und Verlauf der geregelten Laserleistung beim Härten des Druckstückes (v=350 mm/min).*

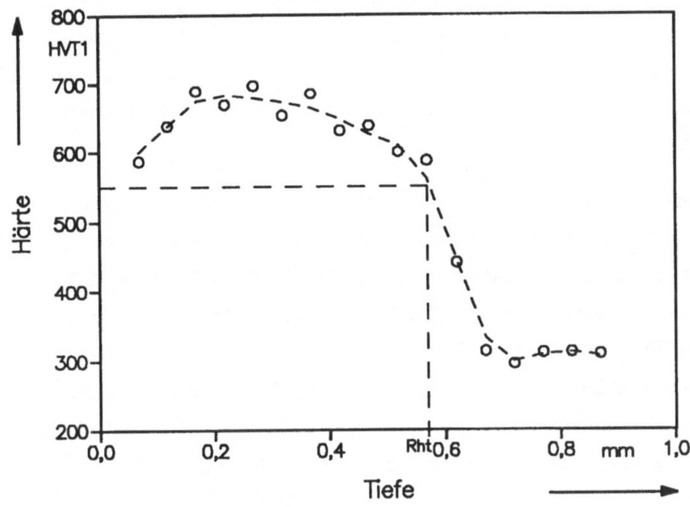

Bild 67   *Härteverlauf nach der Laserhärtung.*

6.3   Zusammenfassung der Ergebnisse

Aufgrund der durchgeführten Versuche können folgende Aussagen über eine Laserhärtung mit Temperaturregelung getroffen werden:

Durch die realisierte Temperaturüberwachung kann die Laserleistung automatisch an die Erfordernisse der Oberflächentemperatur angepaßt werden. Schwankungen in der Laserausgangsleistung werden kompensiert und Anschmelzungen der Oberfläche bei Werkstückgeometrieen mit ungenügender Wärmeableitung können verhindert werden [71].

Bei der Herstellung von Absorptionsschichten muß auf gute Reproduzierbarkeit und gleichmäßige Schichtdicke geachtet werden, da die Regelung sonst fehlerhafte Resultate liefert[*]. Am besten eignen sich hier Absorptionsschichten wie Oxidschichten, die von vorhergehenden Wärmebehandlungen erzeugt werden. Diese Schichten sind in der Regel sehr gleichmäßig, haben eine gute Haftung mit dem Grundwerkstoff, und die Änderung des Emissionsfaktors während der Bearbeitung ist nur gering.

---

[*]   *Neueste Ergebnisse anderer Arbeitsgruppen haben gezeigt, daß es durch eine adaptive Regelung möglich ist, die Oberflächentemperatur im Prozeß unabhängig von der Schichtdicke zu bestimmen [71].*

Durch die Verwendung eines Spektralpyrometers ist eine Abhängigkeit des Temperatursignales vom Emissionsfaktor der Oberfläche gegeben. Dies führt zu Problemen, wenn unterschiedliche Oberflächen gehärtet werden sollen oder wenn sich der Emissionsfaktor der Oberfläche bei der Bearbeitung ändert. Diese Probleme lassen sich durch Verwendung von Quotientenpyrometern umgehen.

Durch die Positionierung des Temperaturmeßfleckes können Fehler entstehen, wenn sich die Vorschubgeschwindigkeit ändert. Das Maximum der Temperatur verschiebt sich in Abhängigkeit der Geschwindigkeit. Bei Integrationsoptiken ist dieser Effekt nicht so stark ausgeprägt wie bei defokussierten Abbildungsoptiken, da bei den Integratoroptiken das Maximum der Temperatur nahezu immer an der hinteren Kante des Brennfleckes liegt. Bei defokussierten Abbildungsoptiken können durch die Intensitätsverteilung der Laserstrahlung zusätzliche Temperaturschwankungen an der Oberfläche entstehen. Dadurch wird die gemessene Temperatur stark von der Position des Meßfleckes beeinträchtigt.

Die dargestellte Art der Temperaturregelung läßt sich im automatisierten Laserhärteprozeß zur Qualitätssicherung und -überwachung einsetzen, wenn die oben genannten Punkte beachtet werden. Dies ist bei vielen Fertigungsabläufen möglich, da dort die Vorschubgeschwindigkeit in der Regel konstant bleibt und die Absorptionsschicht durch einen automatisierten Prozeß erzeugt werden kann [72] bzw. ein oxidfreies Härten einsetzbar ist.

7 Entwicklung und Erprobung eines Gerätes zur flexiblen Strahlformung

7.1 Aufbau des Systems

7.1.1 Grundkonzept

Zur Entwicklung einer flexiblen Strahlformungsoptik zum Laserhärten wurde auf das Konzept der Schwingspiegeloptik zurückgegriffen. Es ist von den derzeit bekannten Strahlformungskonzepten das einzige, das die Möglichkeit bietet, die vom Laserstrahl beeinflußte Zone in den geometrischen Ausmaßen frei zu gestalten. Aufbauend auf diesem System wird zusätzlich eine sehr schnelle Laserleistungssteuerung benötigt, um innerhalb des von der Optik bestrahlten Bereiches die Laserleistung jederzeit beliebig ändern zu können. Dadurch kann ein Brennfleck erzeugt werden, dessen geometrische Form und Intensitätsverteilung in weiten Bereichen wählbar sind. Die komplette Steuerung soll von einem Computer übernommen werden (Bild 68).

Um dieses System aufzubauen müssen folgende Komponenten verfügbar sein:

-    Eine XY-Schwingspiegeleinheit (Scannereinheit) mit möglichst hoher Schwingfrequenz.

-    Dazu passende Spiegel, deren Zerstörschwelle deutlich oberhalb der maximal gewünschten Laserintensität liegt. Im Falle des für diese Versuche verfügbaren 5 kW

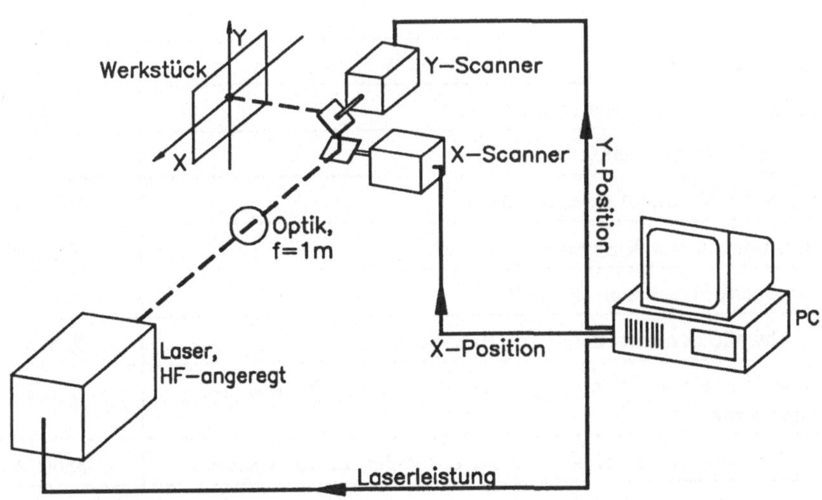

Bild 68   *Schematischer Aufbau der Optik zur flexiblen Strahlformung.*

Lasers beträgt die mittlere Intensität bei einem Strahldurchmesser von 30 mm etwa 700 W/cm^2. Bei einem Gaussmode beträgt die maximale Intensität in der Strahlmitte dann etwa 1400 W/cm^2.

- Ein Laser, dessen Ausgangsleistung zwischen 0% und 100% der Maximalleistung sehr schnell geändert werden kann. Die benötigte Reaktionsgeschwindigkeit ist abhängig von der Schwingungsdauer des schnellsten Scannerspiegels. Notwendig ist es, innerhalb einer Schwingungsdauer die Laserleistung mindestens 10 mal ändern zu können.

- Eine Computersteuerung, die in der Lage ist, Signale zur Steuerung der Position der Scannereinheit sowie der Höhe der Laserleistung schnell genug zu erzeugen.

7.1.2 Auswahl und Tests der Schwingspiegeloptik

Für die flexible Strahlformung wurde eine komplett montierte XY-Scannereinheit verwendet (Tabelle 8, Bild 69). Diese Einheit hat eine Strahleingangsapertur von 30 mm und besteht aus 2 Galvanometerscannern mit Spiegeln, sowie einer Treibereinheit, die die beiden Galvanometerscanner ansteuert. Diese Treibereinheit wird pro Kanal durch ein Spannungssignal im Bereich -5 V bis +5 V angesteuert, das dann in eine Auslenkung des entsprechenden Spiegels umgesetzt wird. Die mitgelieferten Spiegel bestanden aus Silizium mit einer Beschichtung für CO_2-Laserlicht.

maximale Auslenkung eines Scanners (voller Winkel)	50°
Trägheitsmoment des Scannerrotors	4,3 g·cm²
Winkelempfindlichkeit eines Scanners	26 mA/°
maximales Drehmoment eines Scanners	0,1 Nm
Trägheitsmoment des X-Spiegels	30 g·cm²
Eingangsapertur des ersten Spiegels	30 mm
Zerstörschwelle der mitgelieferten Silizium-Spiegel	500 W/cm²
bestrahlte Fläche des ersten Spiegels bei Ausnutzung der vollen Eingangsapertur	7 cm²
mittlere Zerstörleistung bei Ausnutzung der vollen Eingangsapertur	3500 W

Tabelle 8   *Daten der XY-Scannereinheit 3037C.*

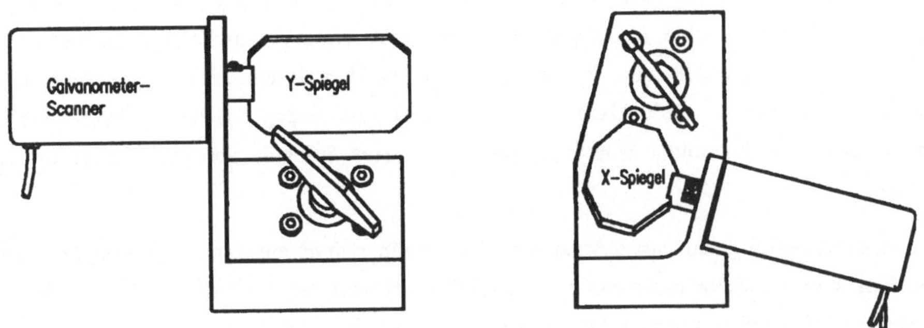

Bild 69   *Aufbau der Scannereinheit XY3037C von General Scanning (Herstellerzeichnung).*

Mit einem Sinusgenerator wurde die maximale Geschwindigkeit der Scanner mit den Silizium-Spiegeln in Abhängigkeit des maximalen Ausschlagwinkels gemessen. Dazu wurde der Scannertreiber mit dem Sinussignal angesteuert und mit Hilfe eines durch den Scannerspiegel abgelenkten Helium-Neon Laserstrahls der Ausschlag und die Zeitverzögerung des Scanners in Abhängigkeit von der Frequenz und der angelegten Spannung gemessen. Die Kenntnis der Zeitverzögerung wird benötigt, um beim Einsatz des Systems eventuelle Signallaufzeitunterschiede zwischen den verschiedenen Komponenten zu kennen und kompensieren zu können.

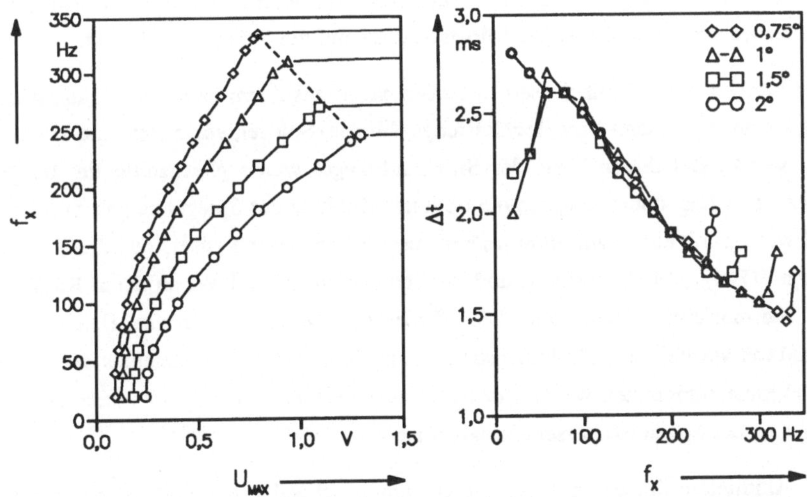

Bild 70   *Benötigte Auslenkspannung U_{MAX} und Zeitverzögerung Δt in Abhängigkeit von der Frequenz f_X bei verschiedenen Auslenkwinkeln.*

Das Meßergebnis ist für den X-Spiegel, den kleineren der beiden Spiegel, in Bild 70 dargestellt. Es wurde eine Abhängigkeit der maximal erreichbaren Schwingfrequenz vom Ablenkwinkel festgestellt. Im Bearbeitungskopf wird aufgrund der langbrennweitigen Fokussierungsoptik ein Ablenkbereich von $A_X < \pm 1°$ Ausschlag aus der Nullage benötigt. Damit kann eine maximale Schwingfrequenz f_X dieses Spiegels von ca. 300 Hz erreicht werden.

Die Zeitverzögerung der Spiegelauslenkung gegenüber dem angelegten Sinussignal hängt ebenfalls von der Schwingfrequenz ab, jedoch nicht von der Auslenkung. Es wurde eine maximale Zeitverzögerung von 2,8 ms beim X-Spiegel festgestellt.

Die Werte des Y-Spiegels sind bei beiden Messungen geringfügig schlechter. Dies ist mit dem größeren Gewicht und Trägheitsmoment des Spiegels erklärbar. Aus diesem Grund wird der X-Spiegel für die höhere der beiden benötigten Schwingfrequenzen verwendet.

7.1.3 Auswahl und Kühlung der Spiegel

Bei der Scannereinheit wurden CO_2-Laserspiegel mitgeliefert, die laut Herstellerangabe eine maximale Intensität von 500 W/cm² aushalten. Dabei handelte es sich um Silizium-Spiegel mit einer dielektrischen Reflexionsschicht. Wie sich nach einigen Vorversuchen herausstellte, war die spezifizierte Zerstörschwelle bei weitem nicht ausreichend, um damit mehr als 1 kW Laserleistung zu übertragen. Bei einem Gaussmode von mit 1 kW Leistung und 30 mm Strahldurchmesser beträgt die maximale Intensität 280 W/cm². Durch Intensitätsspitzen im realen Lasermode wurde dieser Wert überschritten und die Spiegel beschädigt.

Deshalb wurden Spiegel mit denselben Außenmaßen aus Aluminium mit Goldbeschichtung bestellt, sowie ein weiterer Satz Hochleistungs-Silizium Spiegel, von denen eine Vorabversion getestet wurde. Bei diesen Tests der Silizium-Spiegel wurde gleichzeitig ihr Temperaturverhalten unter Last untersucht, um die optimale Kühlung der Spiegel zu gewährleisten. Die Spiegel wurden mit einem auf 30 mm Durchmesser fokussierten Laserstrahl des 5 kW Lasers mit einem TEM_{01*} Mode bestrahlt und die Temperatur der Spiegel an deren Rückseite mit einem Thermoelement gemessen. Die Vorderseite wurde mit einem Helium-Gasstrahl tangential mit verschiedenen Volumenströmen angeblasen. Aus dem Ergebnis der Messungen (Bild 71) kann entnommen werden, daß eine ausreichende Kühlung mit einem tangentialen Gasstrahl an der Spiegelvorderseite möglich ist.

Da die Aluminium-Spiegel mit Goldbeschichtung schneller lieferbar waren, wurden die Versuche mit diesen Spiegeln fortgesetzt. Das Gewicht dieser Spiegel ist etwas höher als das der Silizium-Spiegel (siehe Tabelle 9), was die maximal erreichbare Schwingfrequenz gering-

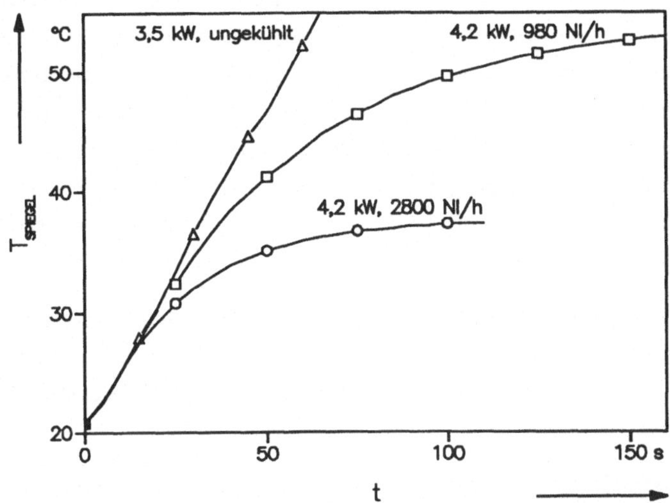

Bild 71   *Temperatur an der Spiegelrückseite ($T_{SPIEGEL}$) in Abhängigkeit der Zeit t bei verschiedenen Volumenströmen des Kühlgases.*

fügig herabsetzt. Es wird aber erwartet, daß die Zerstörschwelle der Aluminium-Spiegel deutlich höher liegt als die der Silizium-Spiegel, da hier im Gegensatz zu Silizium das Grundmaterial hochreflektierend für CO_2-Laserstrahlung ist. Schäden in der Beschichtung führen dann nicht zum sofortigen Ausfall des Spiegels.

7.1.4 Steuerung der Laserleistung und erreichbare Ansprechgeschwindigkeit

Für die flexible Strahlformungsoptik wird ein hochfrequenzangeregter Laser mit einer maximalen Ausgangsleistung von 5 kW verwendet. Die für die elektrische Anregung des Lasergases benötigte Energie wird von 4 Hochfrequenzsendern bereitgestellt. Diese Hoch-

Spiegel	Gewicht des Spiegels ohne Spiegelhalter	Gewicht des Spiegels mit Invar-Halter
X-Spiegel: Silizium	13,9g	25,9g
Y-Spiegel: Silizium	22,8g	34,7g
X-Spiegel: Aluminium	16,9g	28,8g
Y-Spiegel: Aluminium	27,9g	39,8g

Tabelle 9   *Spiegelgewicht der eingesetzten Schwingspiegel.*

frequenzsender werden im Tastbetrieb mit einer Pulsbreitenmodulation betrieben, wodurch die Laserleistung stufenlos regelbar ist. Bei der Pulsbreitenmodulation wird die Anregung des Lasergases mit HF-Pulsen gleichen Abstandes und gleicher Höhe (maximaler Leistung) aber verschiedenen Pulsbreiten bewerkstelligt. Das modulierte Steuersignal wird mit Hilfe von Glasfaserkabeln von der Lasersteuerung auf die Sendersteuerung übertragen. Die Glasfaserkabel verhindern Zeitverzögerungen durch Laufzeiten im Kabel sowie eventuelle elektrische Störimpulse. Die Lasersteuerung sieht eine maximale Regelfrequenz der Ausgangsleistung von 300 Hz vor.

Um die Laserausgangsleistung schneller regeln zu können, wurde ein eigener Pulsbreitenmodulator entwickelt, der ein Spannungssignal (0..10V) in ein moduliertes Signal mit 50kHz Trägerfrequenz umsetzt und über 4 Glasfaserkabel direkt in die Hochfrequenzsender des Lasers einspeist.

Die Reaktionsgeschwindigkeit der Laserleistung auf ein an diesen Pulsbreitenmodulator angelegtes Steuersignal wurde mit Hilfe eines schnellen Quecksilber-Cadmium-Telorit-Detektors (HgCdTe) gemessen, der hinter dem Laserendspiegel angebracht wurde. Der Endspiegel hat eine geringe Auskopplung von ca. 0,1%, so daß dieser sehr empfindliche Detektor nicht durch die volle Strahlleistung zerstört werden konnte.

Anhand der Reaktion des Laserausgangssignales auf ein angelegtes Rechtecksignal kann eine maximale Reaktionsgeschwindigkeit der Laserleistung von 6,5 kHz bei einer Durchmodulation von 0-100% festgestellt werden (Bild 72).

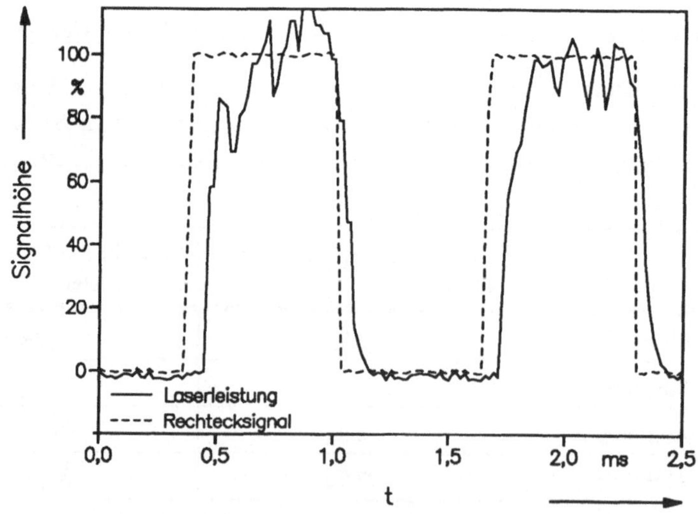

Bild 72   *Reaktion der Laserausgangsleistung auf ein Rechtecksignal.*

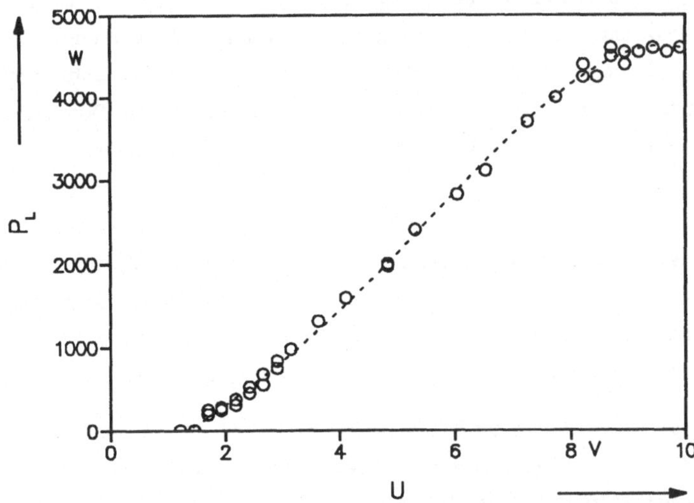

Bild 73   *Abhängigkeit der Laserausgangsleistung vom Steuersignal bei der modifizierten Laserleistungssteuerung.*

Die Abhängigkeit der Laserausgangsleistung von der angelegten Steuerspannung ist in weiten Bereichen linear. Nur im oberen Leistungsbereich ist ein Sättigungsverhalten zu beobachten (Bild 73).

7.1.5 Steuerung des Gesamtsystems durch einen Mikrocomputer

Das komplette System wird von einem Microcomputer gesteuert, der die Analogsignale für die Schwingspiegelpositionen und die Laserleistung erzeugt. Dabei wurden mehrere verschiedene Programme realisiert. Die Programme haben folgende unterschiedliche Konzeptionen:

SINUS:

Das Programm erzeugt zwei sinusförmige Analogsignale unterschiedlicher, wählbarer Frequenz für die Ansteuerung der Scannerpositionen sowie ein bei Programmstart vorwählbares Signal für die Laserleistung.

FREIFORM:

In das Programm wird eine Liste von Rasterpunktkoordinaten mit dazugehörenden Laserleistungsdaten und Spiegelverzögerungen eingegeben. Diese Liste wird vom Programm zyklisch abgearbeitet und dabei werden die Signale für die Scannerposition und Laserleistung erzeugt. Bei jedem Rasterpunkt wird ein Signal für den X-, Y-Spiegel sowie die Laserleistung ausgegeben und eine bei diesem Rasterpunkt festgelegte Verzögerungszeit eingehalten. Dadurch wird die im Mittel an einem Punkt eingestrahlte Energie sowohl durch das Lasersignal, als auch durch die Zeitverzögerung an diesem Punkt bestimmt. Durch diese Rasterung kann allerdings die maximale Schwingfrequenz der Spiegel nicht ausgenutzt werden.

GESTEUERT:

Die Scanner werden wie bei dem Programm SINUS mit zwei sinusförmigen Analogsignalen angesteuert, um eine maximale Schwingfrequenz erreichen zu können. Zusätzlich wird nur die Laserleistung in Abhängigkeit des gerade beleuchteten Punktes gesteuert. Die Werte werden dabei einer Matrix entnommen, die vom Benutzer eingegeben wird.

Bei allen Programmen werden die Schwingfrequenzen der beiden Scanner so eingestellt, daß ein quadratischer Bereich bestrahlt wird. Die beiden Frequenzen müssen dabei so abgestimmt werden, daß sich kein stehendes Bild einer Lissajous-Figur ergibt. Dies geschieht durch Beobachtung des Brennfleckes mit einem Pilotlaser während der Frequenzeinstellung.

7.2　Experimente mit dem flexiblen Strahlformungssystem

Um die theoretischen Ergebnisse aus der Arbeit von Burger [15] praktisch nachzuvollziehen, wurde versucht, sowohl die Funktionsweise einer "normalen" Integratoroptik zur Erzeugung eines uniformen Strahlprofiles, als auch das Strahlprofil zur effizienten Laserhärtung (siehe Kapitel 4.2.3) zu erzeugen. Dies kann in den Betriebsarten FREIFORM und GESTEUERT der Scanneroptik geschehen.

Die Versuche mit senkrechtem Einfall wurden so durchgeführt, daß der Fokus der Fokussierungsoptik des Strahlformungssystemes auf der Werkstückoberfläche lag. Der Fokusdurchmesser betrug dabei 2 mm, und es wurde ein Bereich von ca. 10 mm x 10 mm bestrahlt, was einer Auslenkung der Strahlmitte auf dem Werkstück von ca. 8 mm x 8 mm entspricht. Die Scannerfrequenzen wurden so hoch wie möglich gewählt. Die höchste Frequenz war die des X-Spiegels, die ca. 300 Hz betrug. Die Schwingungsrichtung dieses Spiegels wurde quer zur Vorschubrichtung gelegt. Die Frequenz des Y-Spiegels lag tiefer, bei vielen Versuchen war ein Verhältnis von etwa 1:2 eingestellt. Die Frequenzen wurden unter Zuhilfenahme des Pilotlasers so gewählt, daß der ganze Bereich vom Laserstrahl überstrichen wurde und sich bei der Beobachtung kein stehendes Bild ergab.

Als Werkstoff wurde das gleiche Material, C45, wie auch bei vorhergehenden Versuchen verwendet. Der Ausgangsgefügezustand war feinperlitisch, nach vorangegangener Vorvergütung. Die Oberfläche war gefräst und wurde bei Versuchen mit senkrechtem Einfall vorher manuell mit einer Graphit-Absorptionsschicht versehen.

7.2.1 Versuche mit senkrechtem Einfall und Betriebsart FREIFORM

In der ersten Versuchsreihe wurde mit der Betriebsart FREIFORM gearbeitet. Dabei wurde durch Änderung des Bewegungsgesetzes der Scannerspiegel eine Veränderung der mittleren Intensitätsverteilung erzielt. Dies hat den Vorteil gegenüber einer reinen Laserleistungsmodulation, daß höhere mittlere Laserleistungen eingestellt werden können. Zusätzlich wurde eine Feinabstimmung durch leichte Modulation der Laserleistung durchgeführt [73,74].

Bild 75 zeigt die drei realisierten Strahlprofile. Das Profil 3 entspricht einer Intensitätsverteilung wie sie auch von Integratoroptiken erzeugt wird. Sie wird durch die Bezeichnung UNIFORM charakterisiert. Bei den Profilen 1 und 2 wurden jeweils Intensitätsverteilungen mit ähnlichen Verläufen, wie sie in der Arbeit von Burger berechnet worden waren, eingestellt. Die Leistungen der Profile wurden kalorimetrisch gemessen. Sie betrugen bei Profil 1 und 2 etwa 1800 W und waren ohne Auswirkungen auf das Strahlprofil nur mit langwierigen Versuchen veränderbar. Aus diesem Grund wurden die Versuche mit diesen Profilen mit einer festgehaltenen Leistung durchgeführt. Bei Profil 3 war eine einfachere Änderung der Leistung möglich, bei diesem Profil mußte bei den höheren Vorschubgeschwindigkeiten eine größere Leistung (2400 W) eingestellt werden, um eine Härtung zu erzielen.

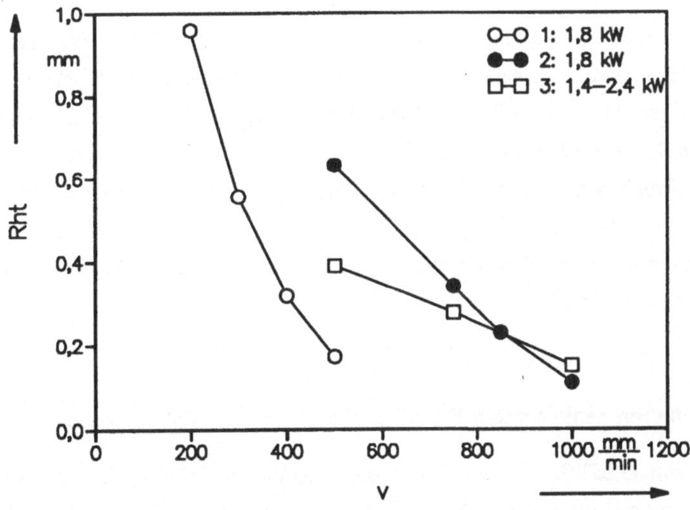

Bild 74   Erreichte Randhärtetiefen der Härteversuche mit den Profilen 1 bis 3.

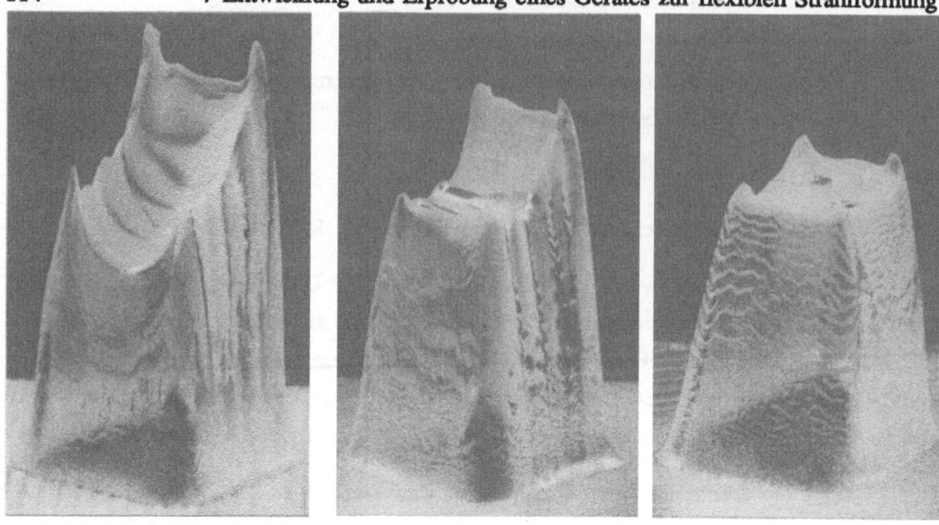

Bild 75   *Plexiglaseinbrände der Profile mit Programm FREIFORM.*

Die mit diesen Profilen erzielten Randhärtetiefen in Abhängigkeit der Vorschubgeschwindigkeit sind in Bild 74 dargestellt. Bei den Versuchen wurde beobachtet, daß die Oberfläche des
Werkstückes bei fast allen Experimenten leicht angeschmolzen war. Dies war erkennbar an
einer teilweisen Einebnung der Fräsriefen. Diese Anschmelzungen waren allerdings so geringfügig, daß sie als tolerierbar in Bezug auf eine wenig aufwendige Nachbearbeitung angesehen
wurden.

Aus den Ergebnissen der Versuche ist ersichtlich, daß mit den Profilen 1 und 2 bei langsamen
Vorschubgeschwindigkeiten wesentlich tiefere Einhärtungen als mit dem Profil 3 erreichbar
waren. Daraus ergibt sich, daß eine Veränderung des Strahlprofiles gegenüber starren
Systemen zu höheren Einhärtungen bei gleicher mittlerer Leistung führen kann, wie in der
theoretischen Arbeit von Burger berechnet wurde. Das jeweils optimale Strahlprofil ist
abhängig von der Vorschubgeschwindigkeit. Bei langsamen Geschwindigkeiten muß die
Intensitätsüberhöhung im vorderen Teil des Strahlprofiles zunehmen, es können dann tiefere
Randhärtungen erzielt werden.

7.2.2   Versuche mit senkrechtem Einfall und Betriebsart GESTEUERT

In der Betriebsart GESTEUERT wurden durch Modulation der Laserleistung verschiedene
Intensitätsverteilungen bei frei schwingenden Scannern eingestellt. Bei der Einstellung wurde

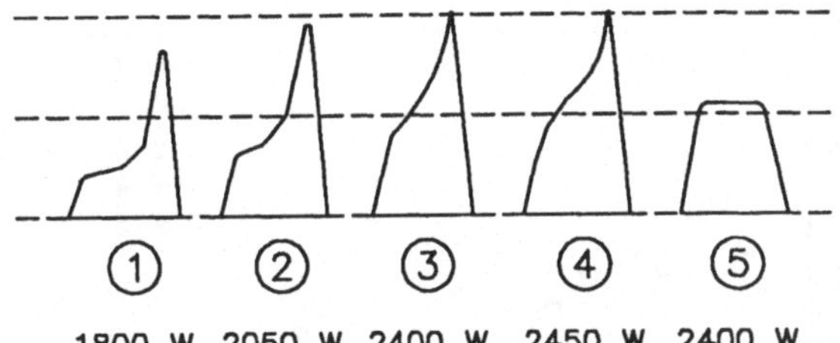

Bild 76   *Querschnitt durch die verwendeten Intensitätsprofile mit Angabe der mittlerer Leistung.*

darauf geachtet, daß an jeweils mindestens einem Punkt innerhalb der bestrahlten Fläche die maximal mögliche Laserleistung ausgenutzt wurde.

Bei den Profilen mit Intensitätsspitzen ist dieser an der vorderen Kante des Profiles, während er sich bei dem gleichmäßigen Intensitätsprofil (Nr. 5) in der Mitte des bestrahlten Bereiches befindet. Dies liegt an der mechanischen Trägheit der Galvanometerscanner, deren Bewegung bei hohen Frequenzen im Prinzip einer Sinusschwingung entspricht, wodurch in der Nähe der Umkehrpunkte aufgrund der geringeren Bewegungsgeschwindigkeit mehr Energie im Strahlfleck deponiert wird. Dies muß durch Leistungsreduzierung in diesen Bereichen ausgeglichen werden, wenn dort keine Maxima erwünscht sind. Aufgrund dieser Vorgabe werden von den verschiedenen Profilen unterschiedliche mittlere Leistungen erreicht.

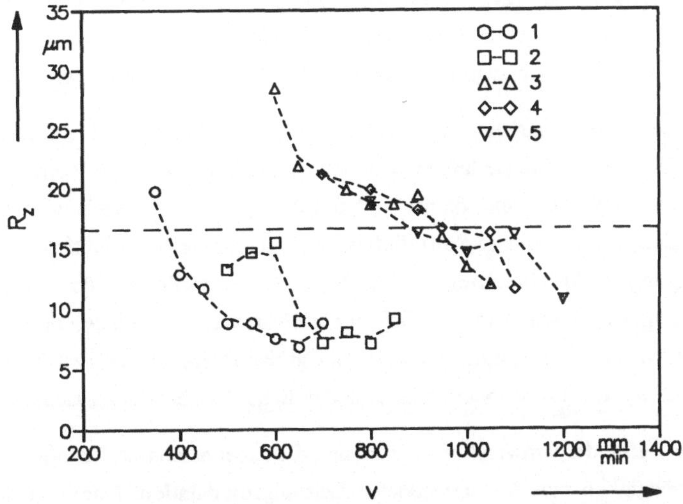

Bild 77   *Mittlere Rauhtiefe in Abhängigkeit der Vorschubgeschwindigkeit.*

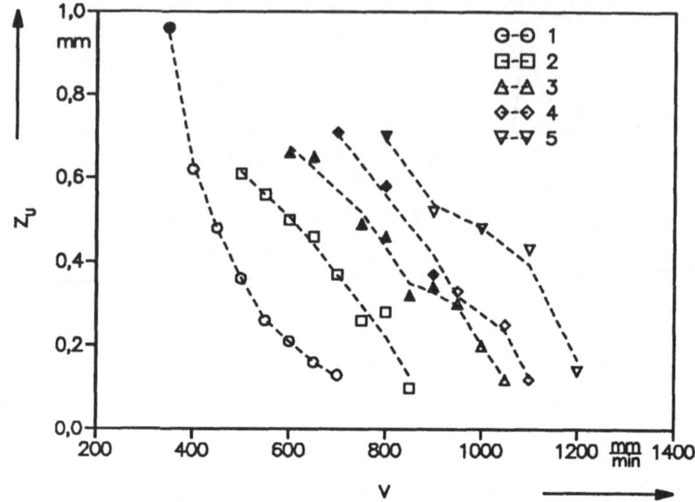

Bild 78   *Tiefe der Umwandlung z_U in Abhängigkeit der Vorschubgeschwindigkeit. Ausgefüllte Punkte sind Experimente mit $R_Z > 16\ \mu m$.*

Die Querschnitte der verwendeten Profile wurden durch Plexiglaseinbrände von 1 s Dauer erzeugt und sind mit der zugehörigen mittleren Leistung in Bild 76 dargestellt.

Bei der Versuchsdurchführung wurde beobachtet, daß aufgrund der hohen Leistungsdichte im Fokus der Optik die Fräsriefen an der Werkstückoberfläche leicht anschmolzen. Es wurde bei der Probenauswertung nach dem Härten darum im Gegensatz zu vorhergehenden Versuchen zusätzlich zur Tiefe der umgewandelten Zone z_U die mittlere Rauhtiefe R_Z an der Oberfläche gemessen, um damit eine Aussage über die benötigte Nachbehandlung treffen zu können.

Die Ergebnisse der Versuchsreihen sind in Bild 77 und Bild 78 dargestellt. Aus den Verläufen der Tiefe der Umwandlungszone läßt sich entnehmen, daß die höchsten Werte bei langsamen Vorschubgeschwindigkeiten und damit verbundenen großen Haltezeiten mit dem Profil Nummer 1 erzielt wurden. Dieses Profil lieferte auch die geringsten Rauhtiefen und damit die geringste Neigung zu Anschmelzungen. Mit den anderen Profilen wurden maximale Tiefen der Umwandlungszone von 0,4 mm bis 0,5 mm erreicht, wenn von einer zulässigen mittleren Rauhtiefe von ca. 16 µm ausgegangen wird. Bei größeren Rauhtiefen war bereits bei einer optischen Kontrolle der Probenoberfläche eine deutliche Anschmelzung sichtbar.

Die erreichten Tiefen der Umwandlungszonen und die dabei erzeugten Rauhtiefen zeigen eine deutliche Abhängigkeit von der verwendeten Leistungsmodulation. Durch Veränderung des Strahlprofiles kann die maximal erreichbare Randhärtetiefe oder auch die bei einer gewünschten Randhärtetiefe maximal erreichbare Vorschubgeschwindigkeit in weiten Bereichen verändert werden.

Aufgrund der durchgeführten Versuche läßt sich erkennen, daß durch Veränderung der Leistungsverteilung unterschiedliche Härteergebnisse bei nahezu gleichen mittleren Leistungen einstellbar sind. Aufgrund der vielen zur Verfügung stehenden Parameter ist eine Optimierung nur durch Experimente allerdings äußerst schwierig durchzuführen.

7.2.3   Versuche mit Schrägeinfall

Um die Möglichkeiten der Strahlformung für komplexe Anwendungen zu zeigen, wurden Versuche ohne Beschichtung unter Ausnutzung der Absorptionserhöhung durch Brewster-Effekt durchgeführt. Dazu wurden Proben mit geschliffener Oberfläche unter 75° Einfalls-winkel behandelt. Der Fokus der Strahlformungsoptik wurde so positioniert, daß sich der bestrahlte Bereich innerhalb der Rayleighlänge der Fokussierungsoptik befand. Es wurde mit zwei Scannerprogrammen gearbeitet, dem Programm SINUS ohne Laserleistungssteuerung und dem Programm GESTEUERT, bei dem ein uniformes Strahlprofil eingestellt wurde. Dies entspricht bei senkrechtem Einfall Profil 5 der vorhergehenden Versuche.

Mit Hilfe des Pilotlasers wurde der bestrahlte Bereich auf dem schräggestellten Werkstück in beiden Fällen auf ca. 10 mm Strahlbreite quer zur Vorschubrichtung einjustiert. In Vorschubrichtung wurde bei dem Programm SINUS keine Aufweitung eingestellt, während bei dem Programm UNIFORM eine Aufweitung auf ebenfalls 10 mm Länge gewählt wurde. Dies lag daran, das mit dem Programm SINUS bei Wahl einer Aufweitung sofort starke Ober-flächenaufschmelzungen beobachtet wurden. Die Versuche wurden ohne Schutzgas durchgeführt, so daß sich während der Versuche eine Oxidschicht auf der Oberfläche bildete.

Bei beiden Versuchsreihen wurde eine wesentlich geringere Neigung der Oberfläche zu Anschmelzungen beobachtet, als es bei den beiden vorhergehend beschriebenen Versuchs-reihen mit senkrechtem Einfall der Fall war. Dies ist auf die Strahlaufweitung quer zur Vorschubrichtung durch die Schrägstellung zurückzuführen, wodurch wesentlich geringere Intensitäten bei der Strahlbewegung auf das Werkstück auftreffen.

Querschliffe durch Spuren, die mit den beiden Profilen erzeugt wurden, sind in Bild 79 abgebildet. Aufgrund der seitlichen Intensitätsspitzen im Profil SINUS entstehen tiefere Einhärtungen sowie ein steilerer Härteabfall an den Spurrändern. In der Spurmitte ist eine geringere Härtetiefe vorhanden. Mit dem Profil UNIFORM läßt sich diese Verringerung der Härtetiefe in der Mitte vermeiden, der Querschliff zeigt insgesamt ein linsenförmiges Aussehen.

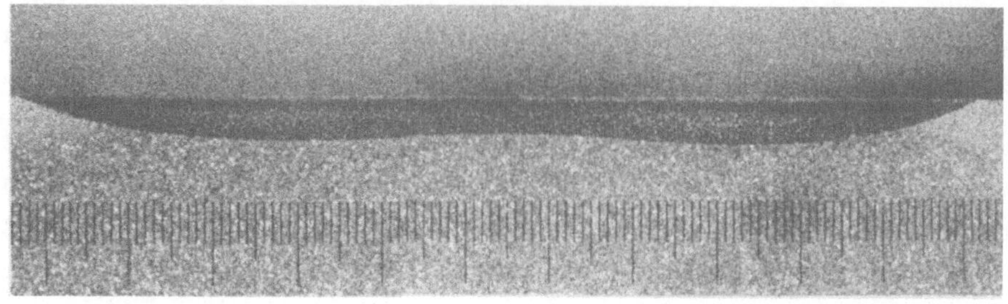

a.)   Profil SINUS.

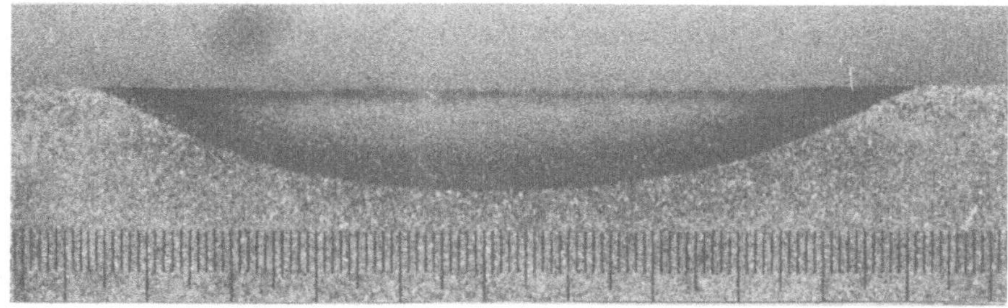

b.)   Profil UNIFORM

Bild 79   *Querschliff durch Härtespuren mit Profil UNIFORM und SINUS bei Schrägeinfall.*

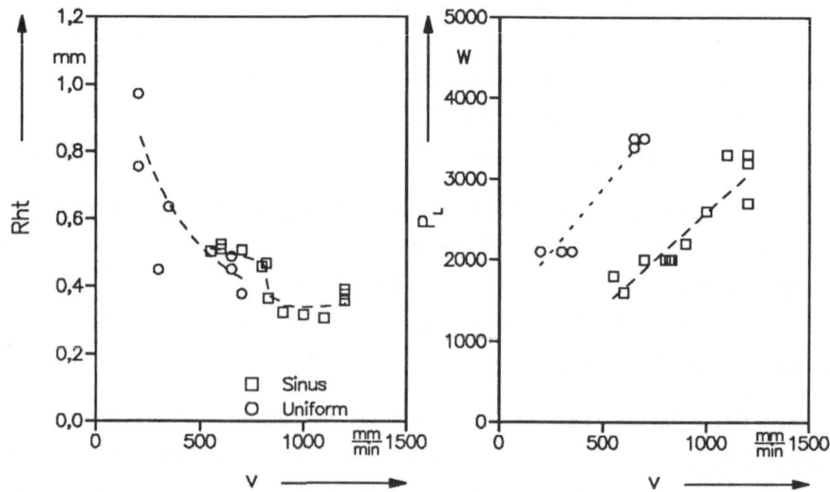

Bild 80   *Maximal im Querschliff mit Programm UNIFORM und SINUS erreichte Rand-*
härtetiefen und dafür benötigte Laserleistungen (C45, 75° Einfallswinkel).

In Bild 80 sind die mit den beiden Profilen in Abhängigkeit der Vorschubgeschwindigkeit maximal erreichten Randhärtetiefen sowie die dafür benötigten mittleren Laserleistungen dargestellt. Die Messungen der Randhärtetiefe (Rht) wurde in der Spurmitte durchgeführt. Aus einem Vergleich der erzielten Härteergebnisse mit den Ergebnissen der Versuche aus Kapitel 5.5.2 wird deutlich, daß mit der flexiblen Strahlformungsoptik und Absorptionserhöhung durch Brewster-Effekt wesentlich tiefere Einhärtungen als ohne Strahlformung erreicht werden können. Dies ist auf die längere Haltezeit zurückzuführen, die durch eine Aufweitung des Strahlquerschnittes in Vorschubrichtung entsteht. Aus diesem Grund lassen sich auch deutlich höhere Laserleistungen einkoppeln. Diese Aufweitung läßt sich für den Schrägeinfall mit keiner herkömmlichen Integratoroptik zum Laserhärten erzeugen.

7.3 Zusammenfassung der Ergebnisse

Die flexible Strahlformungsoptik erweist sich vor allem bei einer Bearbeitung unter Schrägeinfall und Ausnutzung des Brewster-Effektes als sinnvolle Alternative zu bisher bekannten Strahlformungsoptiken. Es können mit ihr aufgrund der größeren realisierbaren Haltezeit und der Modulierbarkeit der Laserleistung tiefere Randhärtungen bei höheren Vorschubgeschwindigkeiten als mit einfach defokussiertem Laserstrahl erzeugt werden.

Hinzu kommt die größere Flexibilität der Strahlformungsoptik in Bezug auf die geometrischen Abmessungen der Härtespuren. Bei Versuchen an einem Werkstück, das ebenfalls unter Schrägeinfall bearbeitet wurde, konnte innerhalb kürzester Zeit eine Strahlaufweitung und die gewünschte Härtung eingestellt werden. Es war bei dieser komplexen Bearbeitungsaufgabe eine deutliche Reduzierung von Versuchen durch Anpassen des Strahlprofiles an die Werkstückgeometrie möglich. Aufgrund dieses Punktes ist die getestete Strahlformungsoptik auch bei senkrechtem Einfall anderen Strahlformungsoptiken überlegen.

Während des Arbeitens mit diesem System muß allerdings beachtet werden, daß die Oberfläche des Materials vor allem bei senkrechter Bestrahlung aufgrund der hohen Leistungsdichte im Fokus des Laserstrahles zu Aufschmelzungen an Unebenheiten, zum Beispiel hervorgerufen durch Fräsriefen, neigt. Dies läßt sich durch höhere Scannergeschwindigkeiten oder auch durch Defokussierung des Laserstrahles ausgleichen. Eine Defokussierung hat aber eine größere Integration des Strahlprofiles mit geringeren Gradienten an den Kanten des Brennfleckes zur Folge. Damit läßt sich dann die Laserleistung nicht mehr so exakt an die Oberfläche anpassen. Bessere Ergebnisse werden daher von höheren Scannergeschwindigkeiten erwartet, als sie mit dem in dieser Arbeit aufgebauten System möglich waren.

Aufgrund der notwendigen Leistungsreduzierung zum Erzielen von geformten Intensitätsverteilungen können mit dieser Bearbeitungsoptik nur geringere mittlere Leistung als die maximal mögliche Laserleistung eingestellt werden. Dies läßt sich bei gleichzeitiger Modulation der Scannergeschwindigkeit verbessern. Dann wird allerdings die Einstellung eines neuen Profiles wesentlich schwieriger zu realisieren, da die Dynamik der Scannerspiegel beachtet werden muß, die aufgrund der Trägheitsmomente der Spiegel vorhanden ist. Die Schwingfrequenzen werden dabei auch zusätzlich reduziert, was die Gefahr von Anschmelzungen der Werkstückoberfläche stark erhöht. Bei den realisierten Strahlprofilen wurden in allen Fällen nur etwa 40-55% der maximal vom Laser zur Verfügung stehenden Leistung ausgenutzt. Höhere Werte könnten mit einem Laser erreicht werden, der kurzzeitig eine höhere Leistung als seine Dauerstrichleistung abgeben kann.

Die in diesen Versuchsreihen durchgeführten Strahlmodulationen zeigen, daß eine Optimierung auf ein gewünschtes Ergebnis hin aufgrund der vielen Freiheitsgrade, die dieses System liefert, ohne eine zusätzliche Kontrollmöglichkeit nur durch langwierige Versuche realisierbar ist. Eine Verbesserung der Handhabbarkeit wäre durch zusätzliche Verwendung einer Thermokamera zur Beobachtung der Oberflächentemperatur gegeben (siehe Ausblick).

8 Arbeiten zur Simulation des Härtevorganges

8.1 Entwicklung eines Simulationsprogrammes

8.1.1 Beschreibung des Programmpaketes

Es wurde ein Programm zur Wärmeleitungsrechnung erstellt, das auf einer Finite-Differenzen-Methode beruht, wie sie in Kapitel 4 beschrieben wird. Es dient dazu, die Temperaturverteilung im Material in Abhängigkeit der Zeit und des Ortes berechnen zu können. Die Simulationsrechnung kann mit gemittelten oder mit temperaturabhängigen Materialparametern durchgeführt werden. Das Programm berechnet die dreidimensionale Temperaturverteilung, die nach Ablauf einer vorher festgelegten Bestrahlzeit im Material vorliegt. Die Verteilung wird nach der Berechnung in Form einer Datei zur Verfügung gestellt, die dann ausgewertet werden kann. Das Flußdiagramm des Programmes ist in Bild 81 dargestellt, als Beispiel für eine Auswertung der Ausgabedatei ist der Verlauf der Oberflächentemperatur beim Härten mit Schwingspiegeloptik nach zwei verschiedenen Bestrahlzeiten in Bild 82 gezeigt. Ein Maximum in der jeweiligen Temperaturverteilung zeigt, an welcher Stelle sich der Laserstrahl bei Abbruch der Rechnung gerade befunden hat.

Im Anschluß an die Bestimmung des Temperaturfeldes ist eine Berechnung der Kohlenstoffdiffusionslängen möglich. Dabei wird davon ausgegangen, daß in dem Temperaturfeld ein stationärer Zustand erreicht wurde. Dann wird die maximal erreichbare Diffusionslänge der Kohlenstoffatome in der Austenitmatrix an jedem Punkt im Querschnitt (senkrecht zur Vorschubgeschwindigkeit) aus dem Temperaturverlauf nach Gleichung (15) ermittelt. Daraus kann die Tiefe, Breite und die Querschnittsfläche einer zu erwartenden Härtezone abgeschätzt werden. Für diese Abschätzung müssen bestimmte Grenzdiffusionslängen für Kohlenstoffatome vorgegeben werden, die für eine Homogenisierung des Austenits notwendig sind. Diese Grenzdiffusionslängen sind abhängig von dem angenommenen Material und Ausgangsgefüge. Daten darüber wurden in den durchgeführten Berechnungen aus der Arbeit von Burger [15] entnommen.

Das von dem FD-Modell verwendete Netz besitzt einen festen Maschenabstand in X- und Y-Richtung, während in Z-Richtung (Tiefe) die Maschenabstände linear zunehmen. Eine typische Netzgröße ist 41 x 71 x 21 Maschen. Die Vorschubrichtung des Laserbrennfleckes ist die Y-Richtung. Die Einkopplung der Laserstrahlung wird über eine Matrix berücksichtigt, die während eines jeden Zeitschrittes zur obersten Ebene (Z=0) hinzuaddiert wird. Diese Matrix wird bei nichtstationären Laserbrennflecken bei jedem Zeitschritt neu berechnet.

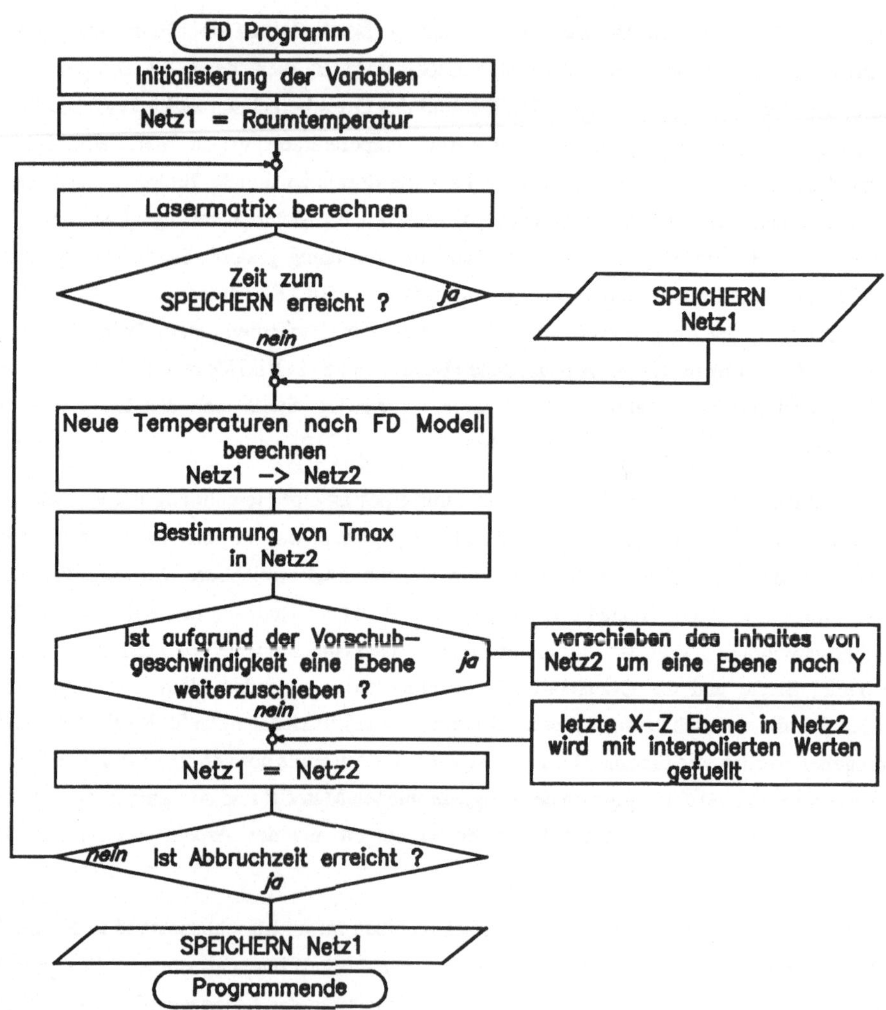

Bild 81   *Flußdiagramm des FD Programmes.*

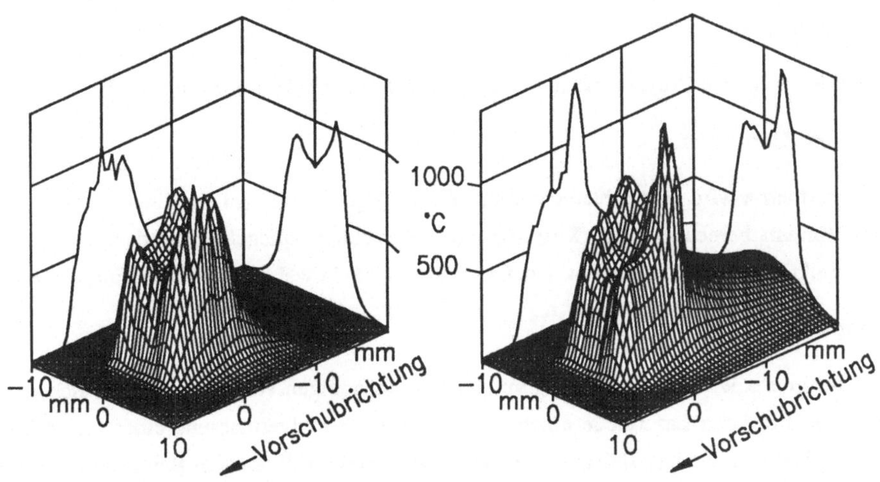

Bild 82   Oberflächentemperatur nach 0,5s und 3,5s. (SCHWINGSPIEGEL: $P_L=1350W$; $A_{x,y}=\pm3,6mm$; TEM_{01*}; $w_0=1,4mm$; $v=1m/min$)

Bezeichnung	Parameter, Variablen	beeinflußte Programmteile
Werkstoffparameter	$c_p(T)$ $K(T)$ ρ	Berechnung der Temperaturdifferenzen zwischen Netzpunkten
Werkstoffparameter	Schmelztemperatur	Limitierung der Laserleistung in Lasermatrix
Werkstückgeometrie	Dicke, Breite, Kanten etc.	Randbedingungen für das Rechennetz
Vorschubgeschwindigkeit	v	Netzverschiebung pro Zeitschritt
Laserleistung	P_L	Berechnung der Lasermatrix
Strahlformung	$I(x,y,t)$ geometrische Abmessungen des Laserstrahles	Berechnung der Lasermatrix
Werkstoff-Ausgangsgefüge	Diffusionskonstanten Grenzdiffusionslänge	Berechnung der Kohlenstoffdiffusion

Tabelle 10   Vorgabeparameter und davon beeinflußte Programmteile.

Tabelle 10 stellt die Vorgabeparameter für einem Programmlauf und die davon beeinflußten Programmteile dar.

Es wurden folgende Programme für verschiedene Laserstrahlformungen erstellt:

Programm **UNIFORM**:

Die Lasermatrix wird zeitunabhängig mit einem Wert gefüllt und bei der Berechnung wird nur ein Halbraum berechnet (z.B. X=0..20), da das Problem spiegelsymmetrisch zum Strahlmittelpunkt und der Y-Z Ebene ist. Die Laserleistung bleibt während der Berechnung konstant.

Programm **LASERMODE**:

Die Lasermatrix wird zeitunabhängig mit positionsabhängigen Werten gefüllt, die sich aus der Gleichung für einen Lasermode ergeben oder aus der Strahlvermessung eines realen Lasers stammen können. Die Laserleistung und Lasermatrix bleibt während der Berechnung konstant. Bei zur Y-Achse symmetrischen Strahlverteilungen wird ebenfalls nur ein Halbraum berechnet.

Programm **SCHWINGSPIEGEL**:

Während eines jeden Zeitschrittes wird die Lasermatrix neu bestimmt, wobei frequenz- und zeitabhängig jeweils die aktuelle Position des Laserstrahls innerhalb des Brennfleckes berechnet wird und daraus zusammen mit der Laserintensitätsverteilung eine neue Matrix erzeugt wird. Das Integral über die Matrix bleibt immer konstant, was einer konstanten Laserleistung entspricht.

Programm **REGELUNG**:

Während eines jeden Zeitschrittes wird die Lasermatrix neu berechnet. Dabei wird bei einer vorgegebenen Strahlformung nach verschiedenen Regelalgorithmen die jeweils neue Laserleistung bestimmt. Diese Regelalgorithmen sind im Falle von stationären Leistungsverteilungen auf Erreichen und Halten einer maximalen Temperatur, knapp unter der Schmelztemperatur, ausgelegt. Der berechnete Verlauf der Laserleistung wird ausgegeben. Vor allem diese Berechnungsart ist für die Verwendung temperaturabhängiger Materialparameter geeignet.

Programm **SCHWINGSPIEGEL OPTIMIERT**:

Der Laserstrahl wird wie bei dem Programm SCHWINGSPIEGEL mit Sinusschwingungen über die Werkstückoberfläche geführt. Die Berechnung erfolgt mit temperaturabhängigen Materialparametern. Die Schwingfrequenzen für beide Scanner und der Lasermode werden berücksichtigt. Bei jedem Zeitschritt wird die maximal ohne Überschreiten der Schmelztemperatur in das Werkstück einkoppelbare Leistung ermittelt. Diese Berechnug erfolgt aufgrund der temperaturabhängigen Werkstoffparameter und der gerade vorliegenden Temperaturverteilung an der Oberfläche. Die bei jedem Zeitschritt benötigte Laserleistung wird ausgegeben und kann in späteren Arbeiten zur Ansteuerung der Scanneroptik verwendet werden.

8.1.2 Test des Programmes mit einer Laserhärtespur

Zum Test des Programmes wurden Berechnungen des Temperaturfeldes mit Laserhärtespuren, die mit einer Kaleidoskopintegratoroptik gezogen wurden, verglichen. Während der Strahlbehandlung wurde die Oberflächentemperatur der Proben mit einem Strahlungspyrometer an verschiedenen Positionen senkrecht zur Strahlvorschubrichtung gemessen und daraus jeweils die maximal erreichte Temperatur und die Zeit, während der sich die Temperatur oberhalb 800°C befand, an der beobachteten Position ermittelt.

Parameter der Versuche	
Material	C45, vorvergütet
Oberflächenvorbehandlung	gefräst und oxidiert
Kaleidoskopoptikinnenmaße	6 mm x 6 mm
Strahlprofil nach Kaleidoskop	uniform, ca. 6,5 mm x 6,5 mm
Laserleistung am Werkstück	1800 W
Lasertyp	5 kW, HF angeregt
Vorschubgeschwindigkeit	1000 mm $\cdot$ min^{-1}
Pyrometermeßfleckdurchmesser	ca. 1 mm
bei Messung eingestellter Emissionsfaktor	1
Parameter der FD Rechnung	
Materialparameter	C45, gemittelte Materialkonstanten
Strahlfleck	6,3 mm x 6,3 mm, uniform
Vorschubgeschwindigkeit	1000 mm $\cdot$ min^{-1}
absorbierte Laserleistung	1400 W
Einkoppelgrad	77 %

Tabelle 11 *Parameter der Laserhärtung mit Kaleidoskopoptik und der Simulationsrechnung.*

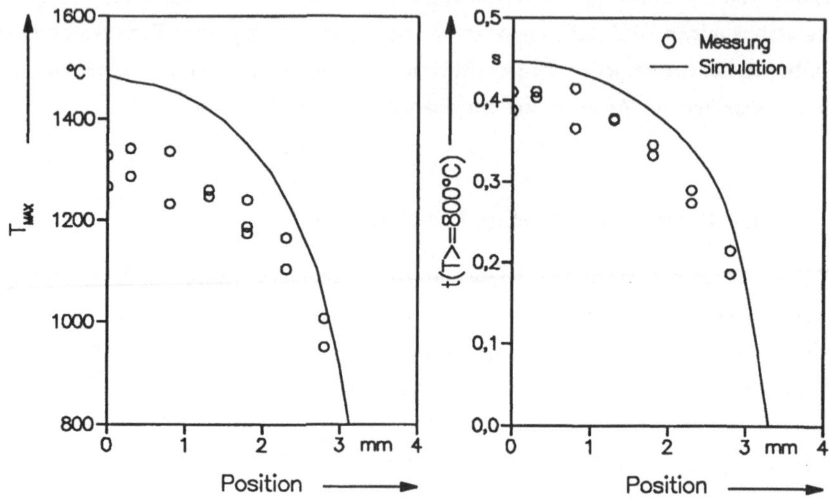

Bild 83   *Vergleich der Ergebnisse der Pyrometermessung mit der Modellrechnung.*

Aus diesem Grund wurde als Oberflächenabsorptionsschicht eine durch Vorvergüten der Proben erzeugte Oxidschicht verwendet, da sie den gleichen Emissionsfaktor hat wie eine durch Laserbehandlung erzeugte Oxidschicht und sich darum der Emissionsfaktor der Oberfläche während der Behandlung nur unwesentlich ändert.

Die Parameter der Laserhärtung können Tabelle 11 entnommen werden. An einer Spur wurde nach dem Härten die Umwandlungszone und die Randhärtetiefe an verschiedenen Positionen quer zur Vorschubrichtung gemessen. Diese Ergebnisse wurden mit den Ergebnissen einer FD-Rechnung (Programm: *UNIFORM*) mit gemittelten Materialparametern verglichen. Dabei blieb als einziger freier Parameter der Einkoppelgrad der Laserstrahlung, der solange variiert wurde, bis bestmögliche Übereinstimmung zwischen Berechnung und Versuch herrschte. Dies war bei einem Einkoppelgrad von 77% der Fall.

In Bild 83 ist der Vergleich der Simulationsrechnung mit den Ergebnissen der Pyrometermessungen dargestellt. Die Messungen mit dem Pyrometer stimmen in Bezug auf die Lage der 800°C Isotherme sehr gut mit den Berechnungen überein.

Bei der maximalen Oberflächentemperatur ist eine Diskrepanz, vor allem bei den hohen Temperaturen, festzustellen. Die Ursache dafür ist, daß am Pyrometer der Emissionsfaktor 1 eingestellt war. Dann werden, außer bei einem schwarzen Strahler, immer zu niedrige Temperaturen angezeigt.

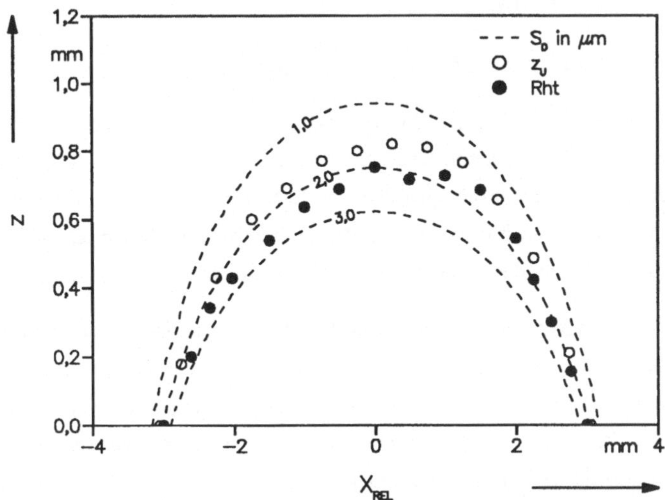

Bild 84   *Vergleich der Ergebnisse der metallographischen Auswertung mit der Diffusionslängenberechnung der Kohlenstoffatome.*

Die Meßergebnisse der Tiefe der Umwandlungszone und der Randhärtetiefe in Abhängigkeit der Position sind im Vergleich mit der Simulationsrechnung in Bild 84 dargestellt. Aus der Simulationsrechnung wurden Linien für verschiedene Kohlenstoffdiffusionslängen ermittelt und in das Diagramm eingezeichnet. Die Übereinstimmung der Berechnung mit der Messung ist am besten bei einer Diffusionslänge von 2 µm. In weiteren Simulationsrechnungen für dieses Material mit diesem Ausgangsgefügezustand wurde darum eine Diffusionslänge von 2 µm verwendet um die Größe der gehärteten Zone zu ermitteln.

Die Kohlenstoffdiffusionslänge, die in Rechnungen als Grenze für eine Umwandlung angesehen werden kann, ist vom Ausgangsgefüge des Materials abhängig. In der Arbeit von Burger [15] werden je nach Gefüge Diffusionslängen zwischen 1 µm bis etwa 10 µm angegeben. Das hier vorliegende Grundmaterial war aufgrund der Vorvergütung sehr feinkörnig, so daß die Annahme einer minimal benötigten Diffusionslänge von 2 µm durchaus realistisch ist.

8.2 Simulationsrechungen

8.2.1 Bei Berechnungen verwendete Intensitätsverteilungen

Zur Abschätzung von erreichbaren Härteergebnissen und dafür benötigter Laserleistungen wurden Simulationsrechnungen mit dem Programm REGELUNG und SCHWINGSPIEGEL OPTIMIERT bei verschiedenen Intensitätsprofilen durchgeführt. Die Ergebnisse dienen dazu, den Einfluß verschiedener Strahlformungen auf das Härteergebnis abzuschätzen und können bei der Erstellung von Machbarkeitsstudien verwendet werden.

Bei den Simulationen wurden temperaturabhängige Materialparameter verwendet. Um die Ergebnisse miteinander vergleichen zu können, wurden bei allen gewählten Strahlprofilen ähnliche Abmessungen der Laser-Material-Wechselwirkungszonen gewählt. Die Laserleistung wurde jeweils so angepaßt, daß zu jedem Zeitpunkt die maximal erreichte Oberflächentemperatur knapp unterhalb der Schmelztemperatur lag.

Aus der ermittelten dreidimensionalen Temperaturverteilung wurde die maximale erreichte Tiefe z_U und die Querschnittsfläche der Zone ermittelt, deren Kohlenstoffdiffusionslänge größer als 2 µm war. Dieser Wert wurde gewählt, um einen Vergleich der Simulationsergebnisse mit den Versuchen mit Kaleidoskopintegrator durchführen zu können.

Aus den berechneten Werten für Laserleistung, umgewandelte Fläche und Vorschubgeschwindigkeit wurde die benötigte spezifische Energie pro Härtevolumen η_U berechnet.

Die Charakteristiken der bei den Berechnungen verwendeten Intensitätsverteilungen sind in Tabelle 12 dargestellt.

8.2.2 Berechnungen mit verschiedenen Intensitätsverteilungen

Bei den Berechnungen wurden jeweils die maximal bei einer Härtung einkoppelbaren Laserleistungen P_L in Abhängigkeit der Vorschubgeschwindigkeit v berechnet. Zum Vergleich der Intensitätsverteilungen wird die spezifische Energie und die maximal erreichte Tiefe der Umwandlungszone z_U über der Vorschubgeschwindigkeit aufgetragen.

Die Ergebnisse der Berechnungen mit dem Strahlprofil UNIFORM werden mit Experimenten verglichen, die an einem Kohlenstoffstahl vom Typ C45 mit Graphitvorbeschichtung mit einer 6,3 mm x 6,3 mm Kaleidoskopintegratoroptik durchgeführt worden sind (siehe auch 8.1.2). Aus diesen Experimenten wurden die bei den jeweiligen Vorschubgeschwindigkeiten maximal erreichten Tiefen der Umwandlungszonen und spezifischen Umwandlungsenergien ausgewertet und in das Diagramm eingetragen.

Name	Strahlformung	Strahlabmessungen	Intensitätsverteilung
UNIFORM	Quadratisch, gleichmäßige Intensitätsverteilung, entspricht der von Integratoroptiken.	*Breite x Länge:* 5 mm x 5 mm 7,5 mm x 7,5 mm 10 mm x 10 mm	
ZYLINDER	gaußförmig in Vorschubrichtung, konstant senkrecht dazu, entspricht einer Strahlformung mit Zylinderspiegeln.	*Breite x 2 $\cdot w_0$:* 5 mm x 5 mm 7,5 mm x 7,5 mm 10 mm x 10 mm	
GAUSS	TEM$_{00}$ Mode, entspricht der Intensitätsverteilung von defokussierten Abbildungsoptiken.	*2 $\cdot w_0$:* 7,5 mm 10 mm	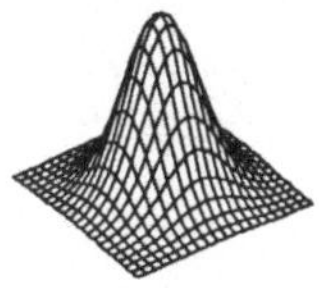
FLEXOPTIK	Programm Schwingspiegel optimiert mit automatischer Anpassung der Leistung. Entspricht bei 300 Hz dem von der flexiblen Strahlformungsoptik maximal erreichbaren Ergebnis.	A_X / 2 $\cdot w_0$: 8 mm / 2,8 mm *Mode:* TEM$_{01*}$ f_X: ca. 300 Hz ca. 3 kHz	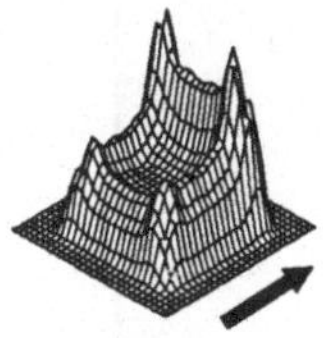

Tabelle 12 *Charakteristiken der bei den Simulationsrechungen verwendeten Intensitätsverteilungen.*

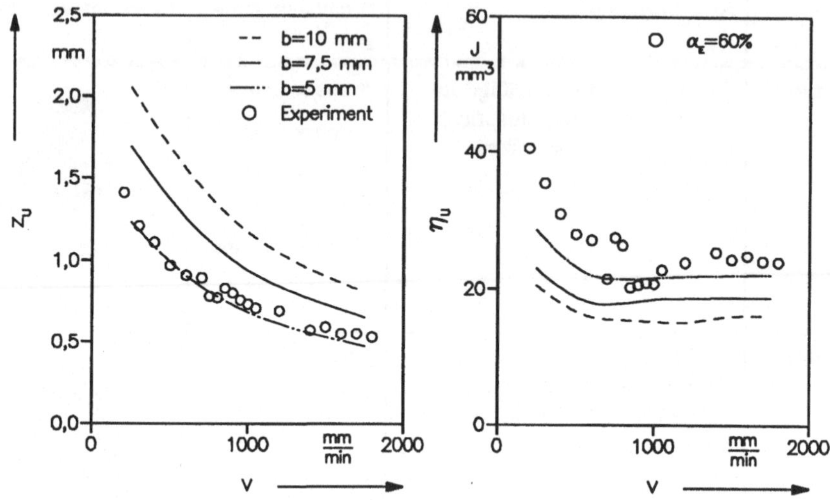

Bild 85   *Ergebnisse der Simulationsrechnungen mit dem Strahlprofil UNIFORM im Vergleich mit Experimenten mit Kaleidoskopintegrator (siehe Tabelle 11).*

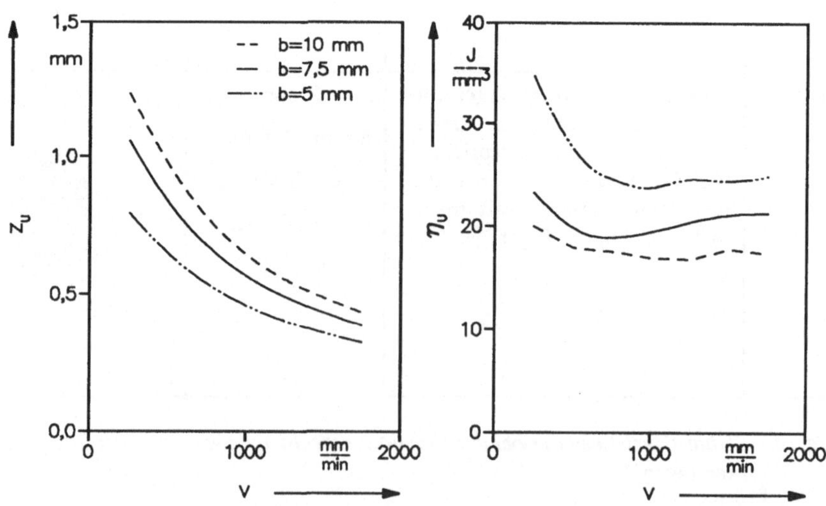

Bild 86   *Ergebnisse der Simulationsrechnungen mit Strahlprofil ZYLINDER.*
(z_U: Tiefe der 2 µm Diffusionslinie, η_U: spezifische Energie)

Bei der Berechnung der spezifischen Umwandlungsenergien wurde von einem Einkoppelgrad α_E von 60% ausgegangen. Dies ist der Wert, der in Absorptionsmessungen für Stahl mit Graphitvorbeschichtung bei hohen Intensitäten ermittelt wurde.

Im Vergleich der berechneten maximal erreichbaren Tiefen der Umwandlungszonen mit den im Versuch erreichten Tiefen der Umwandlungszonen (Bild 85) ist zu erkennen, daß der Verlauf der experimentellen Kurve von der Rechnung sehr genau wiedergegeben wird. Die experimentellen Ergebnisse mit Strahlabmessungen auf dem Werkstück von etwa 6,3 mm x 6,3 mm liegen in den Absolutwerten bei der Tiefe der Umwandlungszone und auch bei der spezifischen Umwandlungsenergie knapp oberhalb der Simulationsergebnissen mit 5 mm x 5 mm Brennfleck. Diese geringfügige Diskrepanz ist darauf zurückzuführen, daß die reale Strahlfomung keine so steilen Gradienten an den Flanken des Strahlprofiles besitzt, wie die simulierte Strahlformung.

Aus den Ergebnissen der Simulationsrechnungen (Bild 85 bis Bild 87) ist zu erkennen, daß bei den betrachteten Strahlprofilen das Profil UNIFORM die günstigsten Eigenschaften beim Laserhärten zeigt, da mit diesem die tiefsten Härtungen bei niedrigsten spezifischen Energien zu erzielen sind. Dies ist auch aus einem Vergleich der bei den Rechnungen erzielten Temperaturverteilungen an der Werkstückoberfläche ersichtlich (Bild 89), sowie aus der Tiefe der 2 µm Kohlenstoffdiffusionslänge im Querschnitt der Temperaturverteilungen (Bild 90). Die Simulationsergebnisse für die Optik zur flexiblen Strahlformung bleiben geringfügig hinter denen dieses Profiles zurück. Bei allen betrachteten Profilen ist zu beobachten, daß die pro Härtevolumen benötigte spezifische Energie bei geringen Geschwindigkeiten ansteigt, aber im Bereich um ca. 500 mm/min Vorschubgeschwindigkeit ein Minimum besitzt, das von der verwendeten Intensitätsverteilung und der Größe des Laserbrennfleckes abhängt. Bei höheren Vorschubgeschwindigkeiten ist wieder ein geringfügiger Anstieg der spezifischen Umwandlungsenergien zu beobachten.

8.2.3 Einfluss der Scannerfrequenz beim Härten mit flexibler Strahlformungsoptik

Um den Einfluß der Scannerfrequenz im Fall der realisierten flexiblen Bearbeitungsoptik bei senkrechter Bearbeitung auf das Bearbeitungsergebnis abzuschätzen, wurden Berechnungen mit dem Profil FLEXOPTIK und verschiedenen Scannerfrequenzen durchgeführt. Das Verhältnis der Frequenzen der beiden Scanner wurde, bei einem Wert der nicht zur Ausbildung eines feststehenden Bildes führt, konstant gehalten. Die Berechnungen wurden bei einer Vorschubgeschwindigkeit von 500 mm/min und 1000 mm/min durchgeführt. Ausgewertet und verglichen wurden die erreichten Tiefen der Umwandlungszone (2 µm Grenzdiffusionslänge) und die benötigte spezifische Umwandlungsenergie.

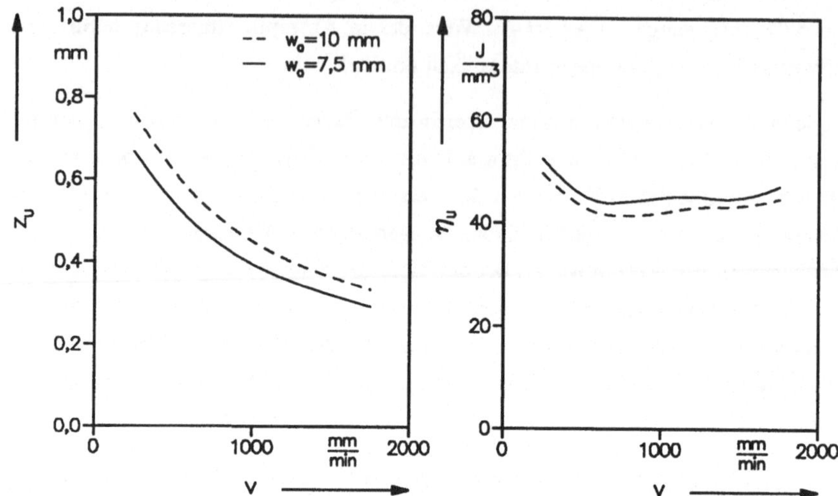

Bild 87   *Ergebnisse der Simulationsrechnung mit dem Strahlprofil GAUSS.*
(z_U: Tiefe der 2 µm Diffusionslinie, η_U: spezifische Energie)

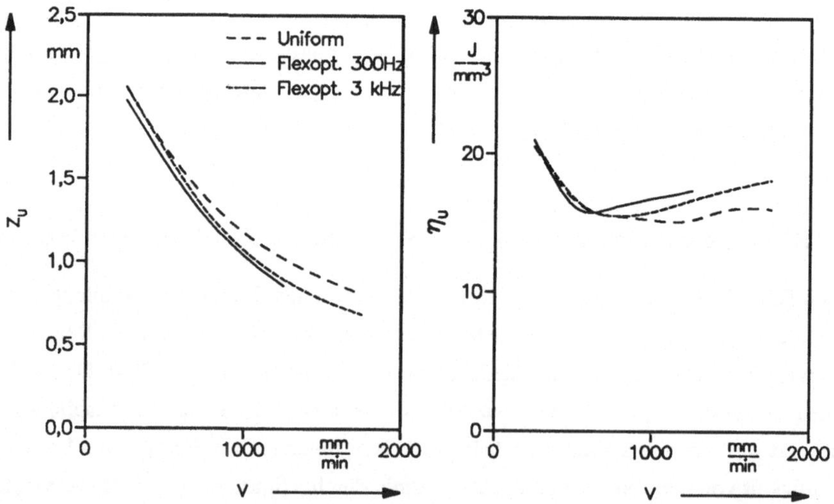

Bild 88   *Ergebnisse der Simulationsrechnungen mit Profil FLEXOPTIK im Vergleich mit*
dem Profil UNIFORM.

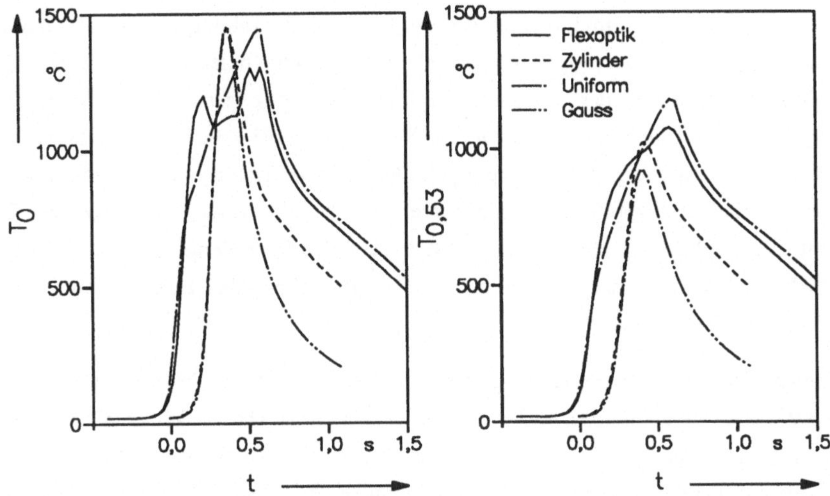

Bild 89 *Verlauf der Oberflächentemperatur (T_0) und der Temperatur in 0,53 mm Tiefe ($T_{0,53}$) in der Mitte der Härtespur bei den verschiedenen Strahlformungen.*

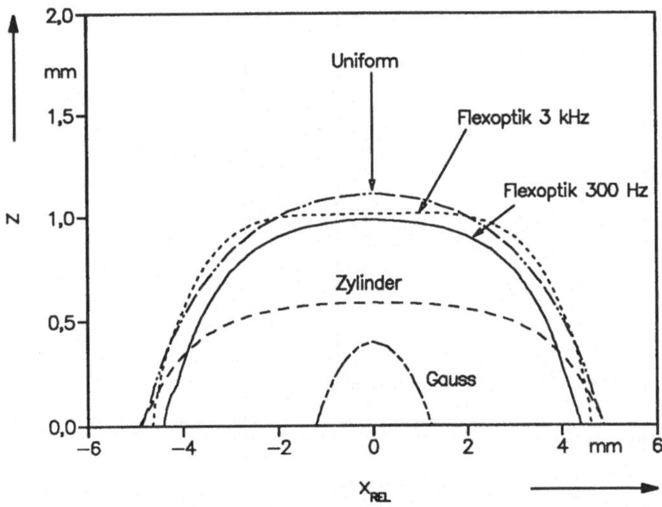

Bild 90 *Vergleich der berechneten Umwandlungsquerschnitte bei den verschiedenen Strahlprofilen. (v=1m/min, 2µm Diffusionslänge, je 10mm · 10mm)*

Während der Rechnung wurde die vom Programm eingestellte Laserleistung in Abhängigkeit der Zeit mitprotokolliert und daraus der Mittelwert, die minimale und die maximale Laserleistung ermittelt. Diese Werte stellen den Leistungsbereich dar, der vom Laser während eines Schwingvorganges der flexiblen Strahlformungsoptik einstellbar sein muß, um bestmögliche Ergebnisse zu erreichen. Um die Verteilung der abgerufenen Laserleistungen zu zeigen wurde, eine zeitliche Verteilung der geforderten Leistungen ermittelt. Daraus wurde der zeitliche Anteil eines abgerufenen Leistungsintervalls (gewählt wurde ein Intervall von 25 W) innerhalb des Beobachtungszeitraumes ermittelt. Aus den kumulierten Zeitanteilen ist dann ersichtlich, welchen Leistungsbereich ein Laser tatsächlich überstreichen muß, um den Anforderungen der flexiblen Optik zu genügen.

Aus den erzielten Ergebnissen für z_U und η_U in Abhängigkeit der Frequenz des X-Spiegels f_X (Bild 91) läßt sich entnehmen, daß in dem berechneten Fall erst ab Schwingfrequenzen von etwa 1 kHz ein Sättigungsbereich erreicht wird. Dies liegt um einen Faktor 2-3 oberhalb der Werte, die von dem realisierten System zur flexiblen Strahlformungsoptik erreicht werden können.

Die Ergebnisse aus der Auswertung der Laserleistungen und ein Beispiel der Auswertung der zeitlichen Verteilung der Laserleistungen ist in Bild 92 dargestellt. Die mittlere einkoppelbare Leistung steigt mit der Frequenz langsam an. Die maximal benötigte Leistung steigt anfangs sprunghaft an und erreicht dann einen Bereich nur noch geringer Änderungen. Die minimal

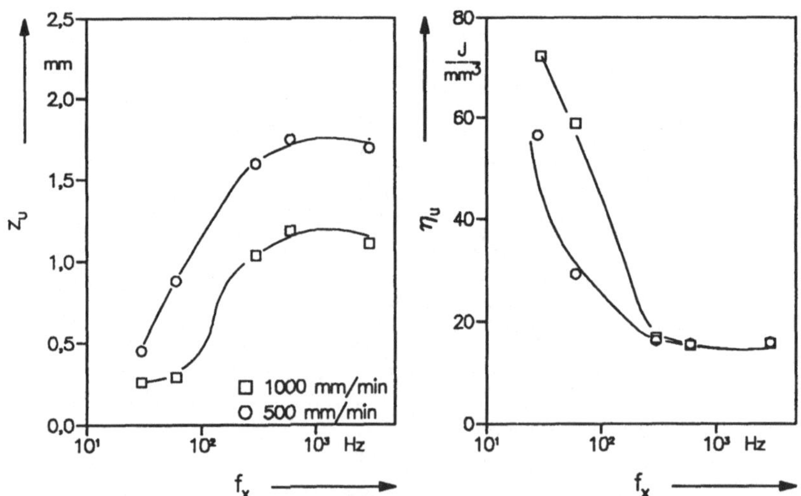

Bild 91   *Berechnete Umwandlungstiefe und spezifische Energie bei Härtung mit flexibler Strahlformungsoptik in Abhängigkeit der Scannerfrequenz.*

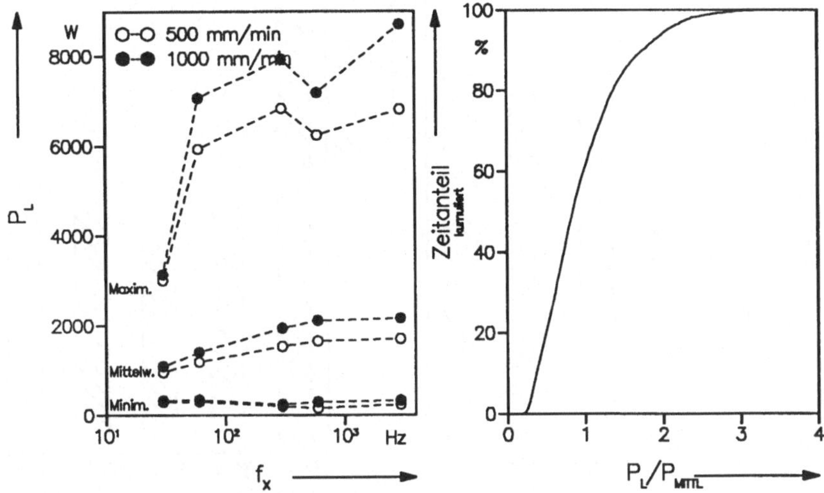

Bild 92   *Vom Laser verlangter Leistungsbereich in Abhängigkeit der Schwingspiegel-frequenz und kumulierter Zeitanteil der angeforderten Leistungen bei 3 kHz.*

eingestellte Laserleistung bleibt bei beiden Vorschubgeschwindigkeiten nahezu konstant. Die zeitliche Verteilung der Laserleistungen ist im zweiten Teil des Bildes am Beispiel einer Schwingfrequenz mit 3000 Hz normiert dargestellt. Es wird die der kumulierte Zeitanteil einer abgerufenen Leistung gegenüber dem Verhältnis der abgerufenen Leistung und der mittleren Leistung dargestellt. Daraus ist ersichtlich, daß die Maximalleistung nur sporadisch angefordert wird. Die benötigten Laserleistungen liegen 90% der Zeit zwischen der 0,2-fachen und 2,2-fachen mittleren Leistung.

8.3   Zusammenfassung der Simulationsergebnisse

Um die erreichten Ergebnisse der verschiedenen Simulationsrechnungen direkt miteinander vergleichen zu können, wurden die mit einer Strahlformung maximal erzielten Tiefen der Umwandlungszonen z_U (bei 2 µm Diffusionslänge) und minimal benötigten spezifischen Umwandlungsenergien η_U ermittelt. Bei allen Intensitätsverteilungen wurden dazu die Werte der Simulationsrechnungen für eine Breite der Wechselwirkungszone von 10 mm genommen. Die Ergebnisse sind in Form von Balkendiagrammen in Abhängigkeit der Strahlformung in Bild 93 dargestellt. Aus dem Vergleich der berechneten maximalen Umwandlungstiefe und den berechneten Umwandlungsenergien läßt sich entnehmen, daß die besten Ergebnisse in Bezug auf die erreichbare Tiefe und benötigte spezifische Energie mit dem Rechteckprofil UNIFORM

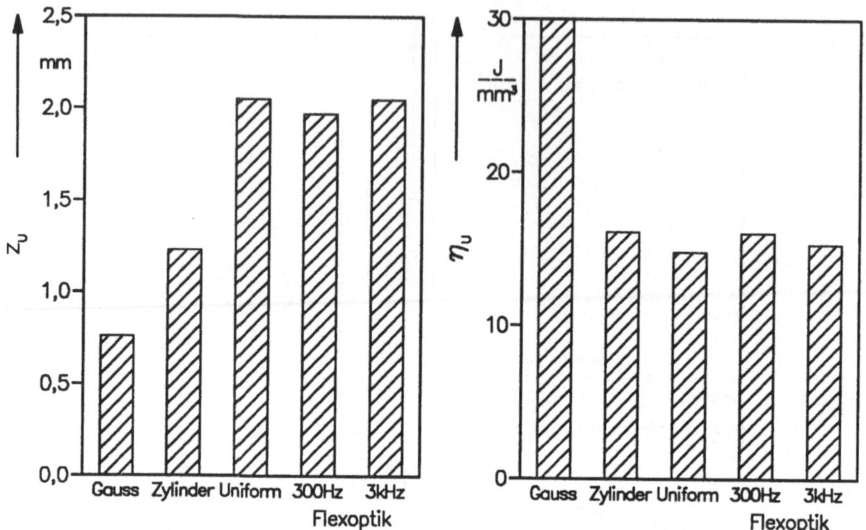

Bild 93   *Vergleich der maximal erreichten Umwandlungstiefen und minimal benötigten spezifischen Energien bei den simulierten Strahlformungen.*

erzielt werden können. Die Ergebnisse mit der flexiblen Strahlformungsoptik mit einer Schwingfrequenz von 3 kHz sind geringfügig schlechter.

Die qualitativ schlechtesten Ergebnisse werden mit der Intensitätsverteilung GAUSS erreicht, die einer Strahlformung mit defokussierter Linsen- oder Spiegeloptik entspricht. Dies ist auf einen Energieverlust durch die flachen Gradienten der Intensität an den Rändern des Strahlprofiles zurückzuführen. In den Randbereichen wird keine ausreichende Temperatur zur Erzielung einer Gefügeumwandlung erreicht. Die dort deponierte Energie ist für den Härteprozeß verloren.

Ein Vergleich der Simulationsergebnisse mit den durchgeführten Härteversuchen zeigt, daß die im Versuch mit Kaleidoskopoptik erzielten maximalen Umwandlungstiefen in Abhängigkeit der Vorschubgeschwindigkeit im Bereich der von der Simulation vorausgesagten Ergebnisse liegen. Der Einfluß des Ausgangsgefüges ist durch eine angenommene Mindest-Kohlenstoffdiffusionslänge zu erfassen. Durch einige Vorversuche läßt sich diese aus einem Vergleich von Experiment und Simulation ermitteln und eine Übereinstimmung erzielen, so daß eine weitere Optimierung des Härtevorganges auf Basis der Simulationsrechnung erfolgen kann.

Bei einem für das Experiment angenommenem, aus Absorptionsmessungen ermitteltem Einkoppelgrad von 60% werden auch die im Experiment benötigten spezifischen Umwandlungsenergien von der Simulation gut wiedergegeben. Ein noch vorhandener Unterschied ist darauf zurückzuführen, daß das in der Rechnung verwendete und im Versuch vorhandene Strahlprofil nicht genau übereinstimmen.

Für die Optik zur flexiblen Strahlformung geht aus den Ergebnissen der Simulationsrechnung hervor, daß die Frequenz der Schwingspiegel im betrachteten Fall größer als 1 kHz sein sollte, um bestmögliche Ergebnisse zu erzielen. Die Laserleistung muß beim Erzeugen einer effizienten Leistungsverteilung mit dieser Optik kurzzeitig Leistungswerte bis zum vierfachen einer mittleren eingestellten Leistung abgeben können.

9 Zusammenfassung und Ausblick

Derzeit werden zum Laserstrahlhärten größtenteils CO_2-Laser im Multikilowattbereich eingesetzt. Die Strahlformung geschieht in der Regel durch Anwendung von Integratoroptiken oder durch Defokussierung von Schneid- oder Schweißoptiken. Sie ist damit im Vergleich mit den sonstigen Eigenschaften des Lasers, der als sehr flexibles Werkzeug gelten darf, relativ starr. Für die Bearbeitung unterschiedlicher Bauteilgeometrien werden meist verschiedene Bearbeitungsoptiken benötigt. Ein Wechsel der Bearbeitungsgeometrie während des Prozeßes ist deshalb oft nicht möglich. Die Bearbeitung geschieht in der Regel unter senkrechtem Einfall, wodurch die Anwendung von absorbierenden Schichten nötig wird, die vor der Bearbeitung aufgebracht und meist auch danach wieder entfernt werden müssen. Diese Schichten verursachen zusätzliche Arbeitsgänge, die schwer zu automatisieren sind. Sie liefern allerdings hohe Absorptionswerte. Oft werden solche Schichten manuell auf die Werkstückoberfläche aufgebracht, wodurch eine gleichmäßige Schichtdicke nur bedingt gewährleistet werden kann. Dies führt zu Unregelmäßigkeiten in der Absorption und im Härteergebnis. Andere Störungen der Härtung entstehen durch Wärmestaus bei Änderungen in der Werkstückgeometrie wie z.B. bei Kanten, Materialstärkenänderungen und Durchbrüchen. Bei solchen Gegebenheiten muß die Laserleistung im Prozeß verändert werden, um eine Härtung ohne Oberflächenanschmelzung zu gewährleisten.

Im Rahmen dieser Arbeit wurden verschiedene Verfahren aufgezeigt und untersucht, mit denen die Möglichkeiten des Laserhärtens besser ausgenutzt werden können bzw. das Laserhärten als Verfahren flexibler und sicherer einsetzbar wird.

Durch Anwendung einer Absorptionserhöhung infolge Schrägeinfall eines linear polarisierten Laserstrahles gelingt es, Härtespuren mit CO_2- und CO-Lasern ohne absorptionserhöhende Schichten zu erzeugen. Durch gleichzeitige Zufuhr eines Inertgases ist es sogar möglich, eine völlig oxidfreie Oberfläche beim Härten zu erzielen. Dabei entfallen die Arbeitsschritte zum Auftragen und Entfernen einer Absorptionsschicht. Bei einer oxidfreien Härtung kann auf eine Nachbearbeitung des Werkstückes völlig verzichtet werden, d.h. die Laserhärtung wird am endbearbeiteten Werkstück durchgeführt.

Dafür wird allerdings im Falle des CO_2-Lasers mit Oxidbildung mindestens die doppelte und bei oxidfreier Härtung eine drei- bis vierfache Laserleistung wie bei Verwendung einer Graphitschicht benötigt, um die gleiche Randhärtetiefe zu erzeugen. Bei Betrachtung der spezifischen Umwandlungsenergie, als Maß für die Effizienz des Laserverfahrens, ist der Unterschied zwischen den verschiedenen Oberflächenvorbehandlungen geringer, da ein zusätzlicher Einfluß durch die Intensitätsverteilung in den Randbereichen des Brennfleckes auftritt. Die beim Härten unter Schrägeinfall auftretenden geringen Gradienten führen dazu, daß es bei der Härtung mit Oxidbildung und beim Härten mit Graphitbeschichtung in diesem Bereich bei geringen Bestrahlzeiten zu geringeren Absorptionswerten kommt.

Ein deutlich günstigeres Verhalten zeigen Laser mit kürzeren Wellenlängen. Aufgrund der besseren Absorption kürzerwelliger Strahlung als die des CO_2-Lasers, wie sie z.B. vom CO- und vom Nd:Yag-Laser ausgesandt wird, ist das Verhältnis zwischen der Absorption auf Stahloberflächen ohne und mit einer Beschichtung geringer. Dies führt dazu, daß mit einem CO-Laser unter Schrägeinfall etwa die doppelte Absorption wie mit einem CO_2-Laser gleicher Leistung, bei ansonsten ähnlichen Bedingungen, erzielt wird. Bei einem Festkörperlaser liegt der Absorptionsgrad bereits bei senkrechtem Einfall bei Werten, die es gestatten, völlig ohne Beschichtung zu härten. Dadurch entstehen zusätzliche Vorteile durch geringere Anforderungen an die Positioniergenauigkeit, die beim Härten mit CO_2- und CO-Lasern und streifendem Einfall sehr hoch sind. Bei Festkörperlasern ist der Absorbtionsunterschied zwischen blanker und oxidierter Oberfläche geringer. Darum führt eine beim Härten ohne Schutzgas entstehende Oxidschicht nicht zu einer drastischen Absorptionssteigerung mit der Gefahr einer Oberflächenanschmelzung, wie es beim CO_2-Laser passieren kann.

Die Absorptionsmessungen bei geringen Laserleistungen zeigen, daß auch beim Festkörperlaser die Anwendung des "Brewster-Effekts" eine zusätzliche Absorptionserhöhung bringen würde. Das Maximum der Absorption liegt bei kleineren Einfallswinkeln als bei CO_2-Lasern, womit die Positionieranforderungen an das Verfahren einfacher zu erfüllen wären.

Die Möglichkeit, das Licht von Nd:Yag-Lasern durch Glasfasern zu transportieren, bietet einen zusätzlichen Freiheitsgrad in der Handhabung des Werkzeuges Laserstrahl. Dies gilt sowohl für die einfachere Strahlführung an schwer zugängliche Stellen als auch allgemein für die Gestaltung von Laserbearbeitungsmaschinen. Mit Hilfe von Glasfasern ist eine Integration von Lasern in bereits bestehende Bearbeitungsanlagen einfach zu realisieren [75]. Dies ist ein Vorteil dieses Systems, der vor allem beim Laserhärten zum Tragen kommt, da die Nachteile einer Faser, wie z.B. größerer Fokusdurchmesser, dem Laserhärten im Vergleich zum Laserschneiden und -schweißen eher entgegenkommen. Ein weiterer Vorteil ist in dem Integrationseffekt der Faser zu sehen, der das Intensitätsprofil des Lasers glättet. Der einzige Nachteil einer Faserstrahlführung ist, daß eine eventuell vorhandene Polarisationsrichtung des Strahles zerstört wird, so daß mit einer Faserstrahlführung keine zusätzliche Absorptionserhöhung durch Schrägeinfall möglich ist.

Durch Anwendung einer Oberflächentemperaturregelung zur Qualitätssicherung und -kontrolle kann der Prozeß des Laserhärtens automatisiert werden. Mit Hilfe eines Pyrometers zur Messung der Oberflächentemperatur und einer schnellen Steuerung der Laserleistung läßt sich ein geschlossener Regelkreis aufbauen, durch den eine Anwendung des Laserhärtens in der

Serienfertigung überwacht und gesteuert werden kann. Diese Regelung wird allerdings durch Unregelmäßigkeiten im Coating bei manuellen Beschichtungen empfindlich gestört. Die Anwendung des Verfahrens bei den beschriebenen Absorptionserhöhungen ohne Beschichtungen sollte aber zu wesentlich günstigerem Verhalten führen.

Ein weiterer kritischer Punkt einer solchen Regelung ist die Positionierung des Meßfleckes während der Bearbeitung, da hiervon das Ergebnis des Verfahrens abhängt. Für eine in jedem Fall korrekt arbeitende Regelung muß das Temperaturmaximum im Brennfleck erfaßt werden. Die Position dieses Punktes ist von der Strahlformung und der Vorschubgeschwindigkeit abhängig. Bei einer Serienfertigung mit festgehaltener Vorschubgeschwindigkeit stellt dies keine Einschränkung der Anwendbarkeit des Verfahrens dar, da hierbei keine Verschiebung des Temperaturmaximums während des Prozesses auftritt. Bei anderen Anwendungen könnte durch einen Pyrometer mit schnell bewegtem Meßfleck und Spitzenwertspeicher das Maximum innerhalb des Laserbrennfleckes unabhängig vom Vorschub und der Strahlformung erfaßt und für die Regelung zur Verfügung gestellt werden.

Eine wesentliche Erweiterung der Flexibiltät des Laserhärtens ist durch Anwendung einer flexiblen Strahlformung gegeben. Dieses System, bestehend aus einer XY-Schwingspiegel-einheit gekoppelt mit einer sehr schnellen Laserleistungssteuerung gestattet es, den Brennfleck sowohl in seinen geometrischen Ausmaßen als auch in seiner Leistungsverteilung variabel zu gestalten. Dies ist computergesteuert auch während der Bearbeitung möglich. Die Anwendung einer solchen "Universal-Optik" führt vor allem bei einem großen Teilespektrum und kleinen Losgrößen zu deutlichen Vorteilen aufgrund eines reduzierten Bedarfs an angepaßten Optiken. Selbst komplexe Geometrien können ohne zusätzliche Spezialoptiken gehärtet werden. Dies wurde am Beispiel des Härtens unter Schrägeinfall gezeigt. Probleme mit der Effizienz dieser Optik treten vor allem beim Härten unter senkrechtem Einfall auf, da die derzeit verfügbaren Scanner-Spiegel-Kombinationen nur maximale Schwingfrequenzen von etwa 300 Hz zulassen. Bei diesen Frequenzen und der zur feinen Abstufung des Leistungsprofiles erforderlichen Fokussierung des Laserstrahls auf dem Werkstück kommt es sehr leicht zu Oberflächen-anschmelzungen. Dadurch wird die maximal einkoppelbare Laserleistung reduziert. Abhilfe wäre hier mit einer Weiterentwicklung der Scanner und Spiegel im Hinblick auf größere Schwingfrequenz bzw. geringeres Trägheitsmoment zu schaffen.

Mit Hilfe eines Modelles zur Simulation des Laserhärtens auf Basis einer Finiten-Differenzen-Wärmeleitungsrechnung wird es möglich die Einflüsse von Prozeßparametern auf das Bearbei-tungsergebnis vorauszusagen. Dies kann bei der Ermittelung von Prozeßgrenzen in Machbar-keitsabschätzungen sowie zur Optimierung der flexiblen Strahlformungsoptik eingesetzt werden. Mit dem vorgestellten Modell läßt sich das Verhalten des kompletten Systemes bei einer optimal angepaßten Regelung simulieren. Von der Simulation wird vorausgesagt, daß bis zu

Frequenzen oberhalb von 1 kHz die Effizienz der flexiblen Strahlformungsoptik in Bezug auf die Energieausnutzung zunehmen wird und die von Standard-Integratoroptiken erreicht. Dafür wird allerdings ein Laser benötigt, der 90% der Zeit bei einem 0,2-fachen bis 2,2-fachen Wert einer mittleren Leistung betrieben wird und kurzzeitig das 4-fache dieser mittleren Leistung abgeben kann.

Die Simulationsrechnungen zeigen, daß es mit dieser Optik nicht möglich ist, eine effizientere Strahlformung als mit idealen Integratoroptiken zu erzielen. Dies ist vor allem auf die mechanischen Eigenschaften des Systemes zurückzuführen. Der Vorteil des Systemes ist darum vor allem in dem erhöhten Freiheitsgrad bei der Härtung komplexer Geometrien zu sehen. In diesem Fall kann im Werkstück benötigte Temperaturprofil durch Wahl der geeigneten Intensitätsverteilung an die Werkstückgeometrie angepasst werden.

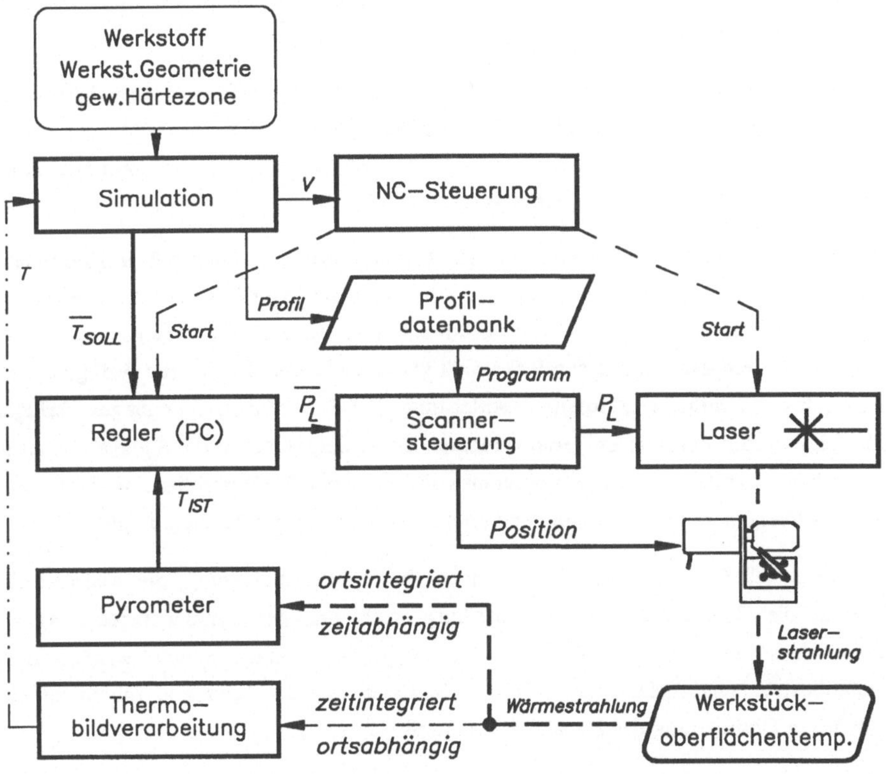

Bild 94   *Schematische Darstellung einer Anlage zum vollautomatischen Laserhärten.*

Eine Kombination von mehreren in dieser Arbeit vorgestellten Optimierungsmöglichkeiten kann dem Laserhärten zusätzliche Impulse hin zu besserer Automatisierbarkeit, einfacherer und flexiblerer Handhabung und Steigerung der Prozeßeffizienz bringen.

Ein Beispiel ist die Kopplung von Härtungen mit kürzerwelliger Laserstrahlung und gleichzeitiger Prozeßüberwachung und -regelung über die Oberflächentemperatur. Dabei entfallen Nachteile, die durch das Aufbringen einer Beschichtung bei der Anwendung der Regelung mit CO_2-Lasern entstehen. Zum optimalen Betrieb der Regelung wird ein Zwei-Farben-Pyrometer mit hoher Meßfrequenz benötigt, das innerhalb eines vorgegebenen Meßbereiches ein Temperaturmaximum erfassen kann.

Eine Erweiterung des vorgestellten Systemes zur flexiblen Strahlformung um eine zusätzliche zweidimensionale Erfassung der Oberflächentemperatur im bestrahlten Bereich durch Thermografie würde es ermöglichen, das Strahlprofil automatisch an die Bearbeitungsaufgabe anzupassen. Die Grundvorraussetzungen dafür sind durch die Computersteuerung des Systemes gegeben. Die Oberflächentemperatur könnte mit einer Wärmebildkamera mit angeschlossener Bildauswertung erfaßt und einem Abgleich der Berechnung des optimalen Strahlprofiles zur Verfügung gestellt werden.

Ein möglicher schematische Aufbau einer Anlage zum vollautomatischen Laserhärten ist in Bild 94 dargestellt. Er besteht im Prinzip aus zwei Regelkreisen, einem schnellen, der während der eigentlichen Härtung abläuft und einem langsamen, der vor und nach dem Härten eine Optimierung und Justage des Systemes vornimmt.

Das Konzept beruht auf der Anwendung der flexiblen Strahlformungsoptik in Kombination mit der Simulationsrechnung zur Berechnung der benötigten Strahlprofile zum Erreichen der geforderten Härtezone. Der "schnelle" Regelkreis besteht aus einem Strahlungspyrometer, das die maximale Temperatur im Brennfleck erfaßt (T_{IST}) und einem Regler zur Verfügung stellt, der daraufhin die mittlere geforderte Laserleistung (P_L) der Scannersteuerung zur Verfügung stellt. Diese ändert darufhin im gerade ablaufenden Steuerprogramm die Signale, die an den Laser geleitet werden. Das Steuerprogramm wird von einer Profildatenbank an die Scannersteuerung übergeben, wohin es von der Simulationsrechnung geschrieben wurde.

Der "langsame" Regelkreis besteht aus einer Thermobildverarbeitung, die während einer Härtespur die Oberflächentemperaturverteilung erfaßt und der Simulationsrechnung zum Abgleich des berechneten Strahlprofiles zur Verfügung stellt. Dadurch werden in der Simulationsrechnung nicht direkt erfaßte Störgrößen berücksichtigt und führen zu einer zusätzlichen Optimierung des Strahlprofiles durch "Lernen".

Schrifttum

[1]   STRONG, E.: *How General Motors decided to heat treat with lasers on the assembly line*. Laser Focus & Electro Optics **19** (1983) Nr.11, S.172.

[2]   MILLER, J.E.; WINEMAN, J.A.: *Laser hardening at Saginaw Steering Gear*. Metal Progress, **111** (1977) Nr.5, S.38.

[3]   WINEMAN, J.A.; MILLER,J.E.: *Production laser hardening*. Society of Manufacturing Engineers : Technical Paper (1977) Nr. IQ77-372.

[4]   LAUSCH, W.: *Lasergehärtete Zylinderbuchsen für Großdieselmotoren*. Motortechnische Zeitschrift **46** (1985) Nr.5, S.163.

[5]   NIKKEI MECHANICAL: *Laser hardens chucker way*. American Machinist (1981) Nr.6, S.143.

[6]   LA ROCCA, A.V.: *Laser applications in manufacturing*. Scientific American (1982) Nr.3, S.80.

[7]   BRANSDEN, A.S.; GAZZARD, S.T.; INWOOD, S.C.; MEGAW, J.H.P.C.: *The laser hardening of ring grooves in medium speed diesel engine pistons*. In: Proc. of the 4th Int. Congress on Heat Treatment of Materials Vol. II, Berlin, 1986, S.734.

[8]   DEKUMBIS, R.: *Surface treatment of materials by lasers*. Chemical Engineering Progress (1987) Nr.12, S.23.

[9]   AMENDE, W.; ZECHMEISTER, H.: *Einsatz von Multi Kilowatt Lasern zur Material-bearbeitung*. VDI Zeitung **124** (1982) Nr.15/16, S.581.

[10]   HÜGEL, H.: *Hochleistungslaser in der Fertigungstechnik*. In: Fertigungstechnisches Kolloquium, Stuttgart, 1988. Berlin: Springer, 1988, S.121.

[11]   HÜGEL, H.: *Strahlwerkzeug Laser*. Stuttgart: Teubner, 1992.

[12]   DAUSINGER, F.; RUDLAFF, T.: *Novel transformation hardening exploiting Brewster absorption*. In: Arata, Y (Hrsg.): Proc. of Laser Advanced Materials Processing (LAMP), Osaka, 1987. Japan: High Temp. Society, 1987, S.323.

[13]   MEYER-KOBBE, C.: *Randschichthärten mit Nd:Yag und CO_2-Lasern*. Düsseldorf: VDI Verlag, 1990. Hannover, Uni., Diss., 1990 (Fortschritt Berichte, Reihe 2, Nr.193).

[14]   RUDLAFF, T.; DAUSINGER, F.: *Steigerung der Effizienz beim Laserhärten*. In: Mordike, B. (Hrsg.): Proc. of 2nd European Conference on Laser Treatment (ECLAT), Bad Nauheim, 1988. Düsseldorf: DVS, 1988, S.88.

[15]   BURGER, D.: *Beitrag zur Optimierung des Laserhärtens*. Stuttgart, Uni., Fak. Fertigungstechnik, Diss., 1988.

[16]   KNEUBÜHL, F.K.; SIGRIST, M.W.: *Laser*. Stuttgart: Teubner, 1988.

[17]   WEBER, H.: *Laserresonatoren und Strahlqualität*. Laser und Optoelektronik 20 (1988) Nr.2, S.60.

[18]   HÜGEL, H.: *RF Excited CO_2 Flow Lasers*. In: Rosenwaks, S. (Hrsg.): Proc. of the 6th Int. Symposium on Gas Flow and Chemical Lasers, Jerusalem, 1986. Berlin: Springer, 1986, S.258.

[19]   HÜGEL, H.: *CO_2-Hochleistungslaser*. Laser und Optoelektronik 20 (1988) Nr.2, S.68.

[20]   MAISENHÄLDER, F.: *High Power CO-Lasers*. In: Schuöcker, D. (Hrsg.): Proc. of High Power Lasers and their Industrial Applications, Wien, 1986. Bellingham: SPIE, 1987, S.85 (SPIE Vol. 650).

[21]   KANAZAWA, H.; SAITO, H.; WATANABE, K.; TAIRA, T.; SATO, S.; FUJIOKA, T.: *Development of a Multikilowatt Closed-Cycle CO Laser*. In: Rosenwaks, S. (Hrsg.): Proc. of 6th Int. Symposium of Gas Flow and Chemical Lasers, Jerusalem, 1986. Berlin: Springer, 1986, S.210.

[22]   SCHMIDT, H.; LUDEWIGT, K.: *Hochleistungs-Festkörperlaser*. Laser und Optoelektronik 20 (1988) Nr.2, S.56.

[23]   IFFLÄNDER, R.: *Festkörperlaser zur Materialbearbeitung*. Berlin: Springer, 1990.

[24]   ZOSKE, U.; BEA, M.; FRITZ, D.; GIESEN, A.: *A Beam Guiding System Combining Several Lasers with Various Working Stations*. In: Proc. of Laser Materials Processing (ICALEO), Boston, 1990. Orlando: Laser Institute of America (LIA), 1991, S.52 (LIA Vol. 71).

[25]   GIESEN, A.; SERCHINGER, R.W.: *Absorptionsmessungen an optischen Komponenten und zwei Stahllegierungen bei 10,6µm*. In: Waidelich, W. (Hrsg): Vorträge des 9ten Int. Kongresses Laser und Optoelektronik in der Technik, München, 1989. Berlin: Springer, 1990, S.466.

[26]   WAGNER, H.P.; BORIK, S.; GIESEN, A.: *Änderung der Eigenschaften optischer Komponenten bei Bestrahlung*. In: Waidelich, W. (Hrsg): Vorträge des 9ten Int. Kongresses Laser und Optoelektronik in der Technik, München, 1989. Berlin: Springer, 1990, S.789.

[27]   BEA, M.; BORIK, S.; GIESEN, A.; ZOSKE, U.: *Transient Behavior of Optical Components and Phase Corrrection by a Low Cost Adaptive Mirror*. In: Proc. of Laser Materials Processing (ICALEO), Boston, 1990. Orlando: Laser Institute of America (LIA), 1991, S.83 (LIA Vol. 71).

[28]   TÖNSHOF, H.K.; BESKE, E.U.: *Flexible Anwendung von kW-Nd:YAG-Lasern*. In: Vorträge zur 2ten Tagung Laser-Material-Bearbeitung für den Automobilbau, Bremen, 1990. Bremen: BIAS Schriftenreihe, 1990, S.30.

[29]   EGBERT; BESKE,U.: *Handhabung einer Lichtleitfaser zum Führen eines Nd:YAG-Laser-trahles.* Laser und Optoelektronik **21** (1989) Nr.3, S.60.

[30]   BERGMANN, L.; SCHÄFER, C.: *Lehrbuch der Experimentalphysik, Band 3, Optik.* Berlin: Walter de Gruyter, 1978.

[31]   DRUDE, P.: *Zur Elektronentheorie der Metalle.* In: Annalen der Physik, vierte Folge, Band 1. Leipzig: 1900, S.566.

[32]   VON ALLMEN, M.F.: *Coupling of Laser Radiation to Metals and Semiconductors.* In : Bertolotti, M. (Hrsg.): Proc. of Symposium on Physical Processes in Laser Materials Interaction, Pianore, 1980. New York: Plenum Press, 1983, S.49 (Nato Adv. Study Inst. Series B, Physics, Vol. 44).

[33]   LANDOLT BÖRNSTEIN: *Zahlenwerte und Funktionen aus Naturwissenschaft und Technik,* Band 15b Metalle : Elektronische Transportphänomene. Berlin: Springer, 1985.

[34]   BOLOTIN, G.A; KIRILLOVA, M.M.: *Optical properties of Fe.* Phys. Met. Metall **27** (1969) Nr.2, S.31.

[35]   SHVAREV, K.M.; GUSHCHIN, V.S.; BAUM,B.A.: *Optical properties of FE.* High Temp. **16** (1978) S.441.

[36]   WEAVER, J.H.; COLOVITA, E: *Optical properties of Fe.* Physical Reviev B **19** (1979) S.3850.

[37]   WISSENBACH, K.: *Umwandlungshärten mit CO_2-Laserstrahlung.* Darmstadt: TH, Diss., 1985.

[38]   DAUSINGER, F.; POPRAWE, R.; WISSENBACH, K.: *Laserhärten in der Feinwerktechnik.* In: VDI Workshop: Laser in der Materialbearbeitung, Düsseldorf, 1984. Düsseldorf: VDI Verlag, 1984, S.191 (VDI Berichte 535).

[39]   BECKER, R.; SEPOLD, G.; CHATTERJEE-FISCHER, R.: *Aspekte des Laserstrahlhärtens.* In: Vortragsband zur Tagung Laser und Optoelektronik in der Technik, München, 1983. Berlin: Springer, 1984, S.317.

[40]   GAY, P.: *Application of Mathematical Heat Transfer Analysis to High-Power CO_2 Laser Material Processing: Treatment Parameter Prediction, Absorption Coefficient Measurements.* In: Draper, C.; Mazzoldi, P. (Hrsg.): Proc. of Laser Surface Treatment of Metals, San Miniato, 1985. Dordrecht: Martinus Nijhoh Pub., 1986, S.201.

[41]   PIERCE, R.L.: *The segmented aperture integrator in material processing.* Journal of Laser Applications **2** (1990) Nr.2, S.18.

[42]   REAM, S.L.: *A convex beam integrator.* Laser Focus **15** (1979) Nr.11, S.68.

[43]   YUQUAN, L.; HOMGJUN, C.; LANYING, C.; BAORONG, S.: *Laser beam segmented integrator for heat treatment of metals*. In: Proc. of Laser Advanced Materials Processing (LAMP), Osaka, 1987. Japan: High Temp. Society, 1987, S.125.

[44]   ROTHE, R.; SEPOLD, G.: *Bau und Einsatz von Spiegeloptiken für die Werkstoffbearbeitung mit Hochleistungslasern*. In: Workshop Laser in der Materialbearbeitung, Düsseldorf, 1984. Düsseldorf: VDI Verlag, S.35 (VDI Berichte 535).

[45]   MIYAMOTO, I.; MARUO, H.: *Shaping of CO_2 laser beam by kaleidoscope*. In: Schuöcker, D. (Hrsg.): Proc. of 7th Int. Symposium on Gas Flow and Chemical Lasers, Wien, 1989. Bellingham: SPIE, 1990, S.512 (SPIE Vol. 1031).

[46]   COOPER, K.P.; BEIGEL, R.; SLABODNICK, P.: *Surface processing of metals using an oscillating laser beam*. In: Banas, C. (Hrsg.): Laser Material Processing Conference (ICALEO '86), Arlington, 1986. Kempsten, Bedford: IFS Pub., 1987, S.169.

[47]   SANDVEN, O.A.: *Laser surface treatment with profiled laser beams*. In: 1st Int. Laser Processing Conference (ILPC), Anaheim, 1981. Toledo: Laser Institute of America (LIA), 1981 (LIA Vol. 16).

[48]   CANTELLO, M.; CRUCIANI, D.: *Optics for laser treatment of complex geometry components*. In: Laser Material Processing Conference (ICALEO '86), Arlington, 1986. Orlando: Laser Institute of America (LIA), 1987, S.11.

[49]   LA ROCCA, A.V.: *Developments in Laser Materials Processing for the Automotive Industries*. In: Draper, C.; Mazzoldi, P. (Hrsg.): Proc. of Laser Surface Treatment of Metals, San Miniato, 1985. Dordrecht: Martinus Nijhoh Pub., 1986, S.521.

[50]   CZICHOS, H. (Hrsg.): *Hütte : Die Grundlagen der Ingenieurwissenschaften*. Berlin: Springer, 1989.

[51]   LEPSKI, D.; LUFT, A.; REITZENSTEIN, W.: *Modellierung laserinduzierter diffusionsgesteuerter Umwandlungsprozesse in Eisenwerkstoffen*. Opto Elektronik Magazin 6 (1990) Nr.2, S.159.

[52]   CARSLAW, H.S; JAEGER, J.C.: *Conduction of Heat in Solids*. Oxford: Clarendon Press, 1959.

[53]   GEISSLER, E.; BERGMANN, H.W.: *3D Temperature Fields in Laser Transformation Hardening, Part I: Quasi-stationary Fields*. Opto Elektronik Magazin 4 (1988) S.396.

[54]   GEISSLER, E.; BERGMAN, H.W.: *3D Temperature Fields in Laser Transformation Hardening. Part II: Nonstationary Field*. In: Workshop on Mathematical Simulation of Laser Treatment of Materials, Lissabon, 1989.

[55]   DULEY, W.W.: *CO_2-Lasers - Effects and Application*. New York: Academic Press, 1976.

[56]   LA ROCCA, A.V.: *Models of Thermal Fields with High Entering Flux*. In: Kaye, A.S.; Walker, A.C. (Hrsg.): Proc. of 5th Symposium on Gas Flow and Chemical Lasers, Oxford, 1984. Bristol & Boston: Adam Hilger, 1985, S.83.

[57]   WEGST, C.W.: *Stahlschlüssel*. Marbach: Verlag Stahlschlüssel, 1986.

[58]   WEVER, F.; ROSE, A.: *Atlas zur Wärmebehandlung der Stähle, Teil 1*. Düsseldorf: Verlag Stahleisen, 1961.

[59]   ABRAMOWITZ, M.; STEGUN, I.A.: Handbook of Mathematical Functions. New York: Dover Publ. Inc, 1964.

[60]   RICHTER, F.: *Die wichtigsten physikalischen Eigenschaften von 52 Eisenwerkstoffen*. Düsseldorf: Verlag Stahleisen, 1973 (Sonderberichte, Heft 8).

[61]   RICHTER, F.: *Physikalische Eigenschaften von Stählen und ihre Temperaturabhängigkeit: Polynome und graphische Darstellungen*. Düsseldorf: Verlag Stahleisen, 1983 (Sonderberichte, Heft 10).

[62]   WOOD, R.M.: *Laser damage in optical Materials*. Bristol & Boston: Adam Hilger Verlag, 1986.

[63]   GRAU, M.: *Messung der Absorption polierter Metallproben in Abhängigkeit vom Einfallswinkel für Laserstrahlung der Wellenlänge 10,6μm*. Stuttgart, Uni., Fak. Fertigungstechnik, Studienarbeit, 1990 (Inst. für Strahlwerkzeuge: IFSW 90-12).

[64]   EBENSLANDER, B.: *Die Absorption von Stählen als Parameter beim Laserhärten*. Stuttgart, Uni., Fak. Fertigungstechnik, Studienarbeit, 1990 (Inst. für Strahlwerkzeuge, IFSW 90-7).

[65]   Vornorm DIN V 18 730 01.91. *Laser und Laseranlagen: Grundbegriffe der Lasertechnik*.

[66]   BRONSTEIN, I.N.; SEMENDJAJEW, K.A.: *Taschenbuch der Mathematik*. Thun: Harri Deutsch, 1985.

[67]   KÖNIG, W.; HERZIGER, G.; WILLERSCHEID, H.; WISSENBACH, K.: *Temperaturmessung beim Laserhärten*. Laser Magazin (1988) Nr.1, S.16.

[68]   MEINERS, E.: *Untersuchung verfahrensrelevanter Parameter beim Härten mit Hochleistungs-CO_2-Lasern*. Stuttgart, Uni., Fak. Fertigungstechnik, Studienarbeit, 1988 (Inst. für Strahlwerkzeuge, IFSW 88-6).

[69]   MAURER (Fa.): *Bedienungsanleitung zum Spektralpyrometer TMR85d*. Kohlberg: Fa. Maurer, 1987.

[70]   TRUMPF (Fa.): *Bedienungsanleitung zum CO_2 Laser TLF1500*. Ditzingen: Fa. Trumpf, 1987.

[71] DRENKER, A.; BEYER, E.; BÖGGERING, L.; KRAMER, R.; WISSENBACH, K.: *Adaptive temperature control in laser transformation hardening.* In: Proc. of 3rd European Conference on Laser Treatment of Materials (ECLAT'90), Erlangen, 1990. Coburg: Sprechsaal Pub., 1990, S.283.

[72] FUNK, G.; MÜLLER, W.: *Temperaturgeregeltes Laserhärten in der Präzisionsmengenfertigung.* In: Proc. of 3rd European Conference on Laser Treatment of Materials (ECLAT'90), Erlangen, 1990. Coburg: Sprechsaal Pub., 1990, S.227.

[73] EISEMANN, A.: *Aufbau und Inbetriebnahme eines Systems zur flexiblen Strahlformung.* Stuttgart, Uni., Fak. Fertigungstechnik, Studienarbeit, 1990 (Inst. für Strahlwerkzeuge: IFSW 90-6).

[74] EISEMANN, A.: *Härteversuche mit einem System zur flexiblen Strahlformung.* Stuttgart, Uni., Fak. Fertigungstechnik, 1990 (Inst. für Strahlwerkzeuge: IFSW 90-27).

[75] MEINERS, E.: *Abtragen mit CO_2-, Excimer und Nd:Yag- Laser, Integration in Drehmaschinen.* In: Vortragsband zum Tagesseminar Laser in der Fertigungstechnik, Stuttgart, 1991. Stuttgart: Zentrum Fertigungstechnik, 1991.

Anhang

A.   Für Berechnungen verwendete Materialparameter

Bei allen Wärmeleitungsrechnungen in dieser Arbeit wurde von einem Kohlenstoffstahl C45 als Grundwerkstoff ausgegangen. Dieser Werkstoff gehört zu der Gruppe der Vergütungsstähle und hat einen Kohlenstoffgehalt zwischen 0,42% und 0,5% [57]. Die allgemeinen Materialparameter sowie die für Abschätzungen verwendeten gemittelten Materialparameter sind in Tabelle 13 aufgelistet.

Die für genauere Berechnungen benutzten temperaturabhängigen Materialparameter sind in Bild 95 dargestellt. Sie wurden mit Gleichungen berechnet, die den Veröffentlichungen 60 und 61 entnommen wurden.

B.   Näherungslösung zur Berechnung von *ierfc*

Das Integral über die komplementäre Fehlerfunktion, das in der analytischen Näherungslösung der Wärmeleitungsgleichung verwendet wird, kann wie folgt in eine Gleichung der normalen Fehlerfunktion umgeschrieben werden [59]:

$$ierfc(\alpha) = \frac{e^{-\alpha^2}}{\sqrt{\pi}} - \alpha \cdot [1 - erf(\alpha)] \tag{39}$$

Für die Fehlerfunktion kann dann folgende Näherungslösung verwendet werden, deren Fehler $2,5 \cdot 10^{-5}$ beträgt:

$$erf(\alpha) = 1 - (a_1 b + a_2 b^2 + a_3 b^3) \cdot e^{-\alpha^2}$$

$$b = \frac{1}{1 + P\alpha} \tag{40}$$

$$a_1 = 0,3480242$$
$$a_2 = -0,0958798$$
$$a_3 = 0,7478556$$
$$P = 0,47047$$

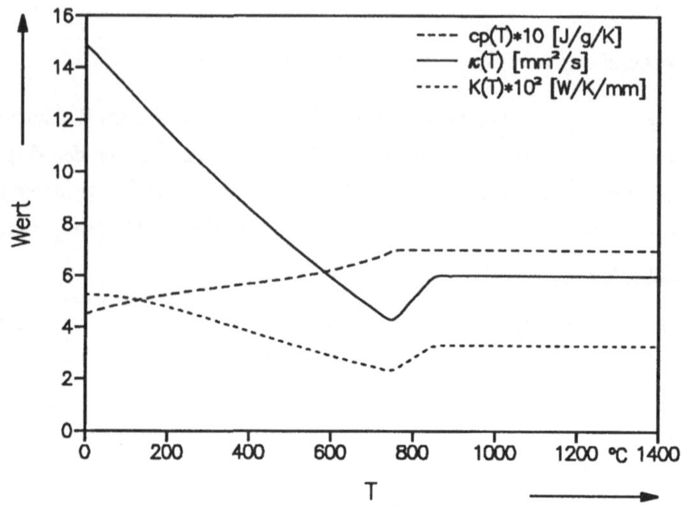

Bild 95   *Temperaturabhängigkeit der Materialparameter von C45 [60,61].*

Parameter	Temperatur	Wert
Dichte ρ	20-1450 °C	$7{,}85 \cdot 10^{-3}$ g mm^{-3}
Wärmeleitfähigkeit K	20-1450 °C	0,0369 W K^{-1} mm^{-1}
Wärmekapazität c_p	20-1450 °C	0,707 J g^{-1} K^{-1}
Temperaturleitfähigkeit κ	20-1450 °C	6,65 mm² s^{-1}
Schmelztemperatur T_{schm}		1450 °C
Austenitbildungstemperatur Ac_1		735 °C
Austenittemperatur Ac_3		785 °C
Martensitbildungstemperatur Ms		350 °C
Kritische Abkühlzeit von Ac_3 bis 500°C, vollständige Martensitbildung		1,5 s
Abkühlzeit zur Bildung von 50% Martensit		4,0 s
Abkühlzeit zur Bildung von Perlit, untere kritische Abkühlgeschwindigkeit		14 s

Tabelle 13   *Materialparameter für C45 [58].*

Danksagung

Die vorliegende Dissertation entstand im Rahmen meiner Tätigkeit als wissenschaftlicher Mitarbeiter am Institut für Strahlwerkzeuge (IFSW) der Universität Stuttgart. Sie basiert teilweise auf Ergebnissen, die während meiner Forschungstätigkeit auf den Projekten 13N5599 und 13EU0076 entstanden sind, die vom Bundesministerium für Forschung und Technologie (BMFT) gefördert wurden.

Ich danke Herrn Prof. Dr.-Ing. Helmut Hügel, dem Direktor des Instituts für Strahlwerkzeuge, sowie Mitglied des Direktoriums des Zentrums für Fertigungstechnik Stuttgart (ZFS) für seinen fachlichen Rat und seine wohlwollende Unterstützung, ohne die die Durchführung dieser Arbeit nicht möglich gewesen wäre.

Herrn Prof. Dr.-Ing. Karl Kussmaul, Direktor der staatlichen Materialprüfungsanstalt (MPA) der Universität Stuttgart, danke ich für die Übernahme des Korreferates und für die interessierte Korrektur dieser Arbeit.

Mein besonderer Dank gebührt Herrn Dr. rer. nat. Friedrich Dausinger für die Diskussion der Ergebnisse und die fortwährenden Anregungen, sowie das persönliche Interesse, das er an dem Gelingen dieser Arbeit gezeigt hat.

Weiterhin gilt mein Dank all meinen Kollegen, den studentischen Hilfskräften und natürlich allen technischen Assistenten des IFSW, von denen ich hier als Vertreter Herrn Werner Hennig nennen möchte, für die kooperative und freundliche Zusammenarbeit sowie ihren Rat und Einsatz während der Durchführung der Arbeit.

In ganz besonderem Maße danke ich Christina, die meine Eigenheiten ertragen hat.

Stuttgart, im Oktober 1992

Hügel
Strahlwerkzeug Laser

Eine Einführung

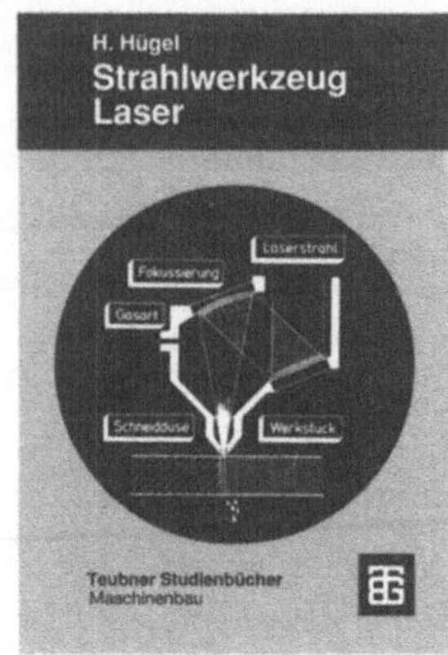

Mit der wachsenden Bedeutung des Lasers in der industriellen Fertigung steigt der Bedarf an qualifizierten Mitarbeitern, die den Einsatz dieses Werkzeugs schon bei der Konstruktion eines Produktes und der Planung des Fertigungsablaufs in Betracht ziehen. Dazu ist das Verständnis der Funktion des gesamten Systems der Werkzeugmaschine Laser ebenso erforderlich wie die Kenntnis der Vorgänge am Werkstück und die daraus resultierenden fertigungstechnischen Möglichkeiten.

Demgemäß umfaßt der Stoff alle relevanten Teilaspekte von der Entstehung der Laserstrahlung bis hin zum Bearbeitungsverfahren. In anschaulicher Form werden sowohl die wichtigsten physikalischen und technologischen Grundlagen wie auch die erforderlichen technischen Einrichtungen dargestellt.

Bei der Behandlung der Verfahren stehen allgemeingültige Zusammenhänge zwischen den Prozeßparametern und den Bearbeitungsergebnissen im Vordergrund.

Das Buch wendet sich an Studierende ingenieurwissenschaftlicher Disziplinen – insbesondere des Maschinenbaus – und an bereits auf diesem Gebiet tätige Ingenieure. Es soll ihnen ein fundiertes Grundlagenwissen zu einem modernen Werkzeug vermitteln.

Von Prof. Dr.-Ing. habil.
Helmut Hügel
Universität Stuttgart
Institut für Strahlwerkzeuge

1992. X, 357 Seiten
mit 305 Bildern.
13,7 x 20,5 cm.
Kart. DM 39,–
ISBN 3-519-06134-1

Teubner Studienbücher

Preisänderungen vorbehalten.

Aus dem Inhalt

Grundlagen des Lasers: Erzeugung von Laserstrahlung, Resonatoren und ihre Moden, Polarisation – Laser für die Materialbearbeitung: CO_2-, Nd:YAG- und Excimer-Laser – Strahlführung und Strahlformung – Bearbeitungsstationen – Wechselwirkung Laserstrahl/Werkstück – Verfahren der Materialbearbeitung: Schneiden, Abtragen, Schweißen, Härten und Legieren – Wirtschaftlichkeitsbetrachtungen – Sicherheitsaspekte

B.G. Teubner Stuttgart